Dr. Jan-Dirk Fauteck

Imre Kusztrich

Leben mit der inneren Uhr

Dr. Jan-Dirk Fauteck
Imre Kusztrich

Leben mit der inneren Uhr

Wie die Chronobiologie unsere Gesundheit, Wirtschaft und Gesellschaft beeinflusst

Econ

Vorwort

Der Rhythmus des Lebens

Stellen Sie sich vor: Sie sitzen am Steuer Ihres Wagens und unterhalten sich angeregt mit den Mitfahrenden. Sie nähern sich einer Kreuzung, an der Sie nach links abbiegen wollen. Sie reihen sich ein und schenken dem Gegenverkehr mehr Beachtung. Die Wahrscheinlichkeit ist groß, dass Sie dafür Ihr Gespräch ganz einfach unterbrechen und erst dann wieder reden, wenn Sie das Abbiegen hinter sich haben.

Das ist Chronobiologie – nicht in ihrer spannendsten Form, aber dennoch ist dies ein Beispiel für unterschiedlich intensive Aktivität unseres Körpers. Denn nicht Sie selbst verstummten, Ihr Kopf hat das entschieden, Ihr Gehirn führte es aus. Seine linke Hälfte beherrscht die Vorgänge der Kommunikation, die andere Hälfte steuert das logische Denken. In Ihrem ureigensten Interesse hat die eine Abteilung sich zurückgenommen und die Hauptverantwortung der anderen übertragen.

Alles hat seinen inneren Rhythmus

Die Intelligenz unseres Organismus beruht auf Myriaden von Funktionen, die wir noch nicht einmal alle kennen. Aber eines wissen wir: Jedes Organ, ja, sogar jede einzelne Zelle folgt einem inneren, eigenen Rhythmus. Leistung, Hochleistung, Entspannung, Ruhe, Regeneration, Reaktion, Dominanz und Partnerschaft lösen einander ab.

In unserem Gehirn findet sogar etwa alle eineinhalb bis zwei Stunden ein großer Stabwechsel statt. Dabei nimmt sich der Körper eine biologische »Denkpause«. Würden Sie jetzt versuchen, ein Nickerchen zu machen, gelänge Ihnen dies leichter als in anderen Momenten. Erst nach und nach beginnen wir, unsere innere Uhr zu sehen, den Stand ihrer Zeiger zu erkennen und mit ihren

Schwingungen zu leben. Noch nicht einmal die Kreativdirektoren großer Werbeagenturen haben es begriffen. Mit Botschaften wie »Befreien Sie sich von Raum und Zeit« preisen sie die Vorteile von Telebanking und 24-Stunden-Callcentern, als seien diese Strukturen lästige Hindernisse, die wir zu beseitigen hätten.

Modernes Leben wider die innere Uhr

Immer stärker wird das moderne Leben auf eine Non-Stopp-Gesellschaft zugeschnitten. Schichtarbeit ist nicht länger nur das Schicksal von Beschäftigten in Autofabriken, Kraftwerken, Polizeistationen oder Krankenhäusern. Software-Entwickler, Devisenhändler, Web-Designer, Service-Trupps sind rund um die Uhr im Einsatz. Das Handy wurde zum Symbol für »immer und überall«. Die auf alle Erdteile platzierten Rennen der Formel 1 werden so getaktet, dass sie eine maximale Anzahl von Menschen live an den Bildschirmen erleben können. Die tageshelle Telefonstimme aus dem Buchungszentrum Ihrer bevorzugten Fluggesellschaft kommt vermutlich aus dem nächtlichen Mumbai (Indien). Und auch der Null-Cent-Wochenend-Tarif der Telekommunikationsunternehmen ist ein typischer Versuch modernen Zeitmissbrauchs. Die New Economy powert im 24/7-Takt.

Wer kennt eigentlich noch die Worte des Predigers Salomo: »Alles zu seiner Zeit.«?

Die drei Basiszyklen

Doch die Rhythmen des Lebens sind nicht unsere Gegner. Drei Basiszyklen wirken auf uns ein.

- **Infradiane Rhythmen** benötigen mehr als einen Tag zu ihrer Vollendung. Beispiel: der Fruchtbarkeitszyklus der Frau.

- **Circadiane Rhythmen** umspannen etwa einen Tag. Beispiel: die Effekte der Erdrotation auf den Organismus.
- **Ultradiane Rhythmen** vollführen mehrere Wiederholungen innerhalb eines Tages. Sie regulieren geistige, körperliche und emotionale Funktionen. Beispiel: Die uns seit Urzeiten innewohnende Neigung zu gelegentlichen Nickerchen, nicht nur nachmittags, hängt mit einer nur 90 bis 120 Minuten langen Aktivitätskurve zusammen.

Diese Zyklen sind alle Zeitgeber und wir profitieren, je stärker wir uns an ihnen ausrichten. Das merken Sie selbst: Der Adrenalinspiegel ist nun mal erheblich niedriger, wenn auf dem Bildschirm die Motoren von Ferrari & Co. schon zu nachtschlafender Stunde aufheulen.

Das Hauptstellwerk der inneren Uhren

Das Weltraumteleskop Hubble steht für den grenzenlosen Freiheitsdrang des Menschen. Fast darf es als Beweis dafür gelten, dass wir uns für fernste Sphären des Alls stärker interessieren als für unsere eigene Welt. Dieses Wunderwerk tastete bereits ein Dutzend Jahre lang den äußeren Rand nebulöser Planetensysteme ab, als dem Neurowissenschaftler Professor Dr. David Berenson von der amerikanischen Brown-Universität in Providence eine Entdeckung von sensationeller Tragweite gelang – mitten unter uns, auf der Erde, in den Augen einer Katze.

In der Februarausgabe 2002 berichtete die US-Fachzeitschrift Science: Die Netzhaut verfügt über spezielle Sensoren, die bisher unbekannt waren. Sie nehmen Licht völlig anders wahr als jene Sehzellen, die uns Darstellungen in Schwarzweiß und in Farbe vermitteln.

Diese Gewebebestandteile erkennen nicht irgendwelche Gegenstände – sie erahnen Schwingungen und Stimmungen. Sie verändern ihre Aktivität mit der Morgen- und Abenddämmerung, sie registrieren die Jahreszeit, sie arbeiten im Takt von Sekundenbruchteilen. In diesem Sinne besitzen wir Menschen eine Orientierung, wie wir sie aus der Pflanzenwelt kennen. Jedes Gewächs verfügt über Fotorezeptoren. Sie steuern jene Bewegung, mit der es sich am Lauf der Sonne orientiert. Sie geben der Blüte den Befehl, sich am Morgen zu öffnen und am Abend zu schließen.

Forscher konnten direkte Nervenverbindungen der Sensoren für die spezielle Hell-dunkel-Wahrnehmung von der Netzhaut bis ins Zwischenhirn des Menschen verfolgen. Sie enden in einem Wirkmechanismus, der in seiner Gesamtheit als Hauptstellwerk aller inneren Uhren bezeichnet werden kann. Diese Zentrale überträgt den Tag-Nacht-Wechsel von außen auf unzählige – vermutlich Abertausende – Rhythmen in unserem Körper und stimmt sie gleichzeitig aufeinander und untereinander ab.

Mit dem spektakulären Fund wurde erstmals ein Phänomen erklärt, das an blinden Menschen beobachtet wurde. Die Zapfen- und Stäbchenzellen ihrer Netzhaut waren völlig funktionslos, dennoch erlebten die Blinden den normalen Schlaf-wach-Rhythmus wie Sehende. Wurden aus kosmetischen Gründen ihre Augen durch künstliche ersetzt, verloren sie diese wichtige Orientierung.

Zeitformen des Organismus

Während wir Menschen schon den unleugbaren Tagesrhythmus der Erde mehr und mehr negieren, verwundert es nicht, dass wir uns für andere Zeitformen des Organismus überhaupt nicht interessieren. Wer weiß, dass das Auge nur fünf Wahrnehmungen – z. B. Miniblitze – innerhalb einer Sekunde einzeln erkennen kann?

In der gleichen Zeitperiode trennt unser Gehör etwa 100 unterschiedliche Tonimpulse, es leistet also das 20-fache. Selbst das Wachstum unserer Fingernägel, rund zwei Millimeter pro Monat, findet seinen Gegenpol im Universum: Es entspricht genau der Geschwindigkeit, mit der Kontinentalplatten aneinander reiben.

Wichtig für Gesundheit, Gesellschaft und Wirtschaft

Die Tendenz zur Ruhelosigkeit und zur Beschleunigung darf eines nicht in Vergessenheit geraten lassen: Menschliche Leistungsfähigkeit hat Grenzen – auch solche, die wir nicht kennen oder akzeptieren. Das Leben ist rhythmisch. Seine Rhythmen verändern sich. Sie zeigen erstaunliche Vielfalt und Flexibilität. Nicht Gleiches wiederholt sich im menschlichen Körper, sondern Ähnliches.

Die Schwankungsbreite der möglichen Reaktionen ist enorm. Unser Stoffwechsel zeigt bei einigen seiner Leistungen innerhalb eines einzigen Tages Unterschiede von bis zu 400 Prozent. Erst diese von einer höheren Ordnung geprägte Steuerung ermöglicht eine großartige Anpassung an unterschiedliche Bedingungen. Denken wir nur an Zeitzonenreisen oder an Nachtarbeit.

Aber von besonderem Nutzen ist das Wissen um die Eigenzeit der Organe bei Fragen von Krankheit und Heilung. Die Chronobiologie beschäftigte den Menschen bereits vor fünf Jahrtausenden. Die Akupunktur der chinesischen Medizin basiert auf der Vorstellung einer Organuhr. Aber erst die vergangenen zwei, drei Jahrzehnte mit ihren modernsten Messtechnologien haben uns fundierte Kenntnisse geliefert. Jeder Tag schenkt uns weitere. Unsere inneren Zeitgeber enthalten uns allerdings noch eine Reihe von Antworten vor. Denn wir kennen noch nicht einmal alle Fragen. Doch unumstritten ist bereits jetzt: Jedes Leiden hat seine Zeit – aber auch jede Heilung.

Die Chronobiologie

Eine anerkannte Wissenschaft

Universum – das Wort kommt aus dem Lateinischen und bedeutet ein Vers, ein Lied, ein Klang. In vollem Einklang präsentiert sich die höhere Ordnung des Kosmos. Vielstimmig, vielfältig – aber feinst abgestimmt, in Harmonie. Ebbe und Flut. Tag und Nacht. Wie die Symphonie eines gigantischen Orchesters unter einem göttlichen Herbert von Karajan.

Ihr Körper spürt den Takt. Kennen Sie ihn ebenfalls? Dann kann man Ihnen nur gratulieren. Ihren Zahnarzttermin legen Sie auf den Nachmittag. Schmerz quält uns dann am wenigsten intensiv.

Arbeitsrhythmen des Körpers

Wir alle haben die riesigen Satellitenschüsseln der Radioastronomen vor Augen. Signale aus dem All erreichen uns in Gestalt elektromagnetischer Schwingungen und Frequenzen. Mehr als 100 chemische Substanzen des Weltalls können so geortet und erkannt werden. Sie enthalten Informationen über Vorgänge in fernsten Welten und in vergangenen Zeiten.

Ähnliche Oszillationen gibt der Körper preis. Erst fanden Wissenschaftler die elektromagnetische Handschrift des Gehirns und des Herzens. Heute wissen wir: Die Funktion aller bedeutender Organe lässt sich in Gestalt von Sinuskurven abbilden. Ihre Abbildungen sind oft verwirrend überlagert. Doch dank Hochgeschwindigkeitscomputern und der Genialität von Programmierern ringen wir dem Körper mehr und mehr seiner Geheimnisse ab.

Die meisten Arbeitsrhythmen des Körpers spiegeln die Dauer einer Erdrotation wieder: 24 Stunden. Beispielsweise sinkt unsere Körpertemperatur während des Schlafes. Kurz vor dem Erwachen steigt sie steil an. Aber längst nicht alle Rhythmen sind auf 24 Stunden getaktet, viele wiederholen sich bereits alle paar Stunden. Der längste Rhythmus, in Abhängigkeit von den Jahreszeiten, erstreckt sich wieder und wieder über zehn bis vierzehn Monate. Ein Beispiel: Männer verüben Selbstmord vorwiegend im Mai (sogar die bevorzugte Stunde kann vorhergesagt werden).

Wechsel von Anspannung und Entspannung

Jüngste Forschungsergebnisse lenken unsere Aufmerksamkeit auf ein Phänomen, das die Wissenschaft Basic Rest Activity Cycle (BRAC) nennt – eine grundsätzliche Veranlagung zu einer regelmäßigen Abfolge von Entspannung und Anstrengung. Ihre Impulsgeber sind in den Genen verankert. Würden wir stärker in uns hineinhorchen und weniger nach den Regeln des 21. Jahrhunderts leben, würden wir in unserer alltäglichen Wachphase Abschnitte von etwa 90 bis 120 Minuten spüren und ein bisschen natürlicher nach ihnen leben. Getrennt werden sie von kurzen, existenziell wichtigen Erholungsphasen (Sie kennen sicherlich den Begriff »Fünf-Minuten-Schlaf«). Dieser ultradiane Zyklus ist ein Fundament wichtigster Lebensprozesse.

Hollywood bzw. das Fernsehen hat seine Handlungen diesem Format angepasst, indem die gezeigten Filme durch kürzere oder längere Pausen unterbrochen weden. Die Fußballbundesliga ebenfalls. Wir nicht.

Die Chronotherapie

Die Chronobiologie ist die Wissenschaft unseres Körpers und unserer Sinne in ihrer Beziehung zur Zeit. Daraus entsteht der Leistungsmix unserer Organe. Die Gene, die Umwelt, die Jahreszeit und die monatlich und täglich wiederkehrenden Aktivitäten

Vier Elemente der Chronopharmakologie
- die optimale Substanz
- die richtige Menge
- das angesteuerte Zielorgan
- der wirksamste Zeitpunkt

sind seine Bausteine. Körperrhythmen bestimmen den Druck und die Zusammensetzung unseres Blutes und Myriaden weiterer Elemente des Stoffwechsels – und damit die Lebensumstände jeder einzelnen Zelle.

Die Chronotherapie untersucht die Wirkung therapeutischer Maßnahmen im Einklang mit der inneren Uhr. Für den engagierten Arzt ist dieses Wissen unendlich wertvoll. Es kann verhindern, das Richtige zum falschen Zeitpunkt zu tun. Die Chronotherapie kann der entscheidende Faktor sein, den Körper gerade dann zu unterstützen, wenn die Hilfe größte Wirkung auslöst. So werden die Effizienz einer Behandlung erhöht und störende Nebenwirkungen verringert.

Behandlung zum richtigen Zeitpunkt

Philosophen betrachten die Chronobiologie sogar als Teil einer höheren Ordnung. Sie stelle die aktivste Verbindung zwischen Universum und Individuum dar. Sicherlich erahnen wir erst einen Bruchteil ihrer Geheimnisse.

Doch die Chronotherapie ist heute bereits in die Beurteilung und Behandlung einiger weit verbreiteter Leiden integriert. Hier sind zuallererst Allergien, Angina, Asthma, Arthritis (Gelenkentzündung), Bluthochdruck, Depressionen, Herzattacken, Krebs, Magengeschwüre, Schlafprobleme und Stoffwechselstörungen des Gehirns zu nennen.

Und noch bedeutendere Fortschritte scheinen zum Greifen nahe. Forscher beginnen zu erkennen, zu welcher Stunde sich Krebszellen teilen. Sie folgen einer anderen Uhr als gesundes Gewebe. Es kommt also sehr darauf an, den Körper therapeutischen Zellgiften (bei einer Chemotherapie) genau dann auszusetzen, wenn sie bösartiges Wachstum am stärksten hemmen und normale Zellen am wenigsten belasten.

Alltagsprobleme mit Chronobiologie verstehen und lösen

Aber noch mehr Möglichkeiten führen unmittelbar zur Lösung der kleineren oder größeren Probleme unseres Alltags. Vielen von uns ist das Auf und Ab von Energie, Wohlgefühl und Hoffnung nur sehr vage bewusst. Veränderungen, die sich über Wochen und Monate einstellen, sind sogar noch schwieriger zu erkennen. Und doch sind die biologischen Zyklen mindestens ebenso Teil unseres Organismus wie beispielsweise Nerven, Knochen und Gefäße. Hier ist jeder gefordert, seine Chancen wahrzunehmen. Denn: Wo Auffälligkeiten der Körpertemperatur, des Herzschlags oder der Arbeit der Nieren im Voraus zu berechnen sind, dort verdienen auch unsere Gefühle, unser Leistungsvermögen oder unsere Eigenheiten mehr Verständnis.

Die rhythmische Aktivität unserer Organe spiegelt sich innerhalb ihrer Zyklen in unterschiedlichen Kurven wieder. Die meisten Menschen kennen noch nicht einmal ihr biologisches Grundformat. Sind Sie ein Morgenmensch? Oder laufen Sie am Abend zu Höchstform auf? Der Unterschied macht immerhin etwa zwei Stunden aus.

Wir beginnen, selbst das Altern mit anderen Augen zu sehen. Es ist vielleicht weniger der Verlust oder die Reduzierung von Hormonen, sondern vielmehr ihr Problem, sich aufeinander abzustimmen. Mithilfe der Chronobiologie sind wir nun dabei, auch den Schlaf, die Sexualität, das Gedächtnis, den Schmerz oder die Depression besser zu verstehen.

Die Chronokinetik

Unzählige Rhythmen steuern unsere Organe. Wir erwachen, wenn unsere Körpertemperatur ansteigt. Wir erwarten den Schlaf, wenn sie sinkt. Herz und Lunge dürfen wir als ein Team betrachten. Auf vier bis sechs Pulsschläge folgt ein Atemzug. Beide Zyklen verlaufen tagsüber rascher und verlangsamen sich nachts. Ein unsichtbarer »Pausenknopf« schaltet offensichtlich in den meisten Rhythmen unaufhörlich zwischen Aktivität und Erholung um. Selbst der Luftstrom, den wir einatmen, wird abwechselnd durch den einen, dann durch den anderen Nasenflügel geleitet.

Unser gesamtes Leben steht unter der Kontrolle tausender Regulatoren. Obwohl sie immer mit größter Wirksamkeit agieren, sind sie uns dennnoch kaum bewusst. Dabei liefern sie die Ursachen der periodischen Veränderungen von so überaus wichtigen Eigenschaften wie Stimmung, Wachsamkeit und Erinnerungsvermögen.

Wirksamkeit

Die Chronokinetik untersucht den Faktor Tageszeit auf die Effektivität eines Wirkstoffs. Ob eine therapeutische Substanz morgens oder abends eingenommen wird, beeinflusst entscheidend die Zeit bis zum Erreichen der höchsten Konzentration im Blut. Häufig – aber nicht immer – beschleunigt eine Einnahme zu Beginn des Tages den Ablauf um bis zu zwei Stunden, bei wenigen Arzneistoffen kann es sogar noch schneller sein.

Beispielsweise ist bei der Wirksamkeit vieler Arzneistoffe die Aktivität des Magens ein wichtiger Faktor: Die Durchblutung der Verdauungsorgane ist in der Nacht und am frühen Morgen sehr hoch, um die Mittagszeit ist sie deutlich geringer. Erst nach 18 Uhr steigt sie wieder an. Die Verweildauer fester Bestandteile im Verdauungstrakt ist zudem abhängig vom Volumen des Mageninhalts. Und die Nahrungspassage erfolgt nicht über 24 Stunden immer mit der gleichen Geschwindigkeit.

Abnehmen zum richtigen Zeitpunkt

Betrachten wir z. B. einen neuartigen Weg, auf intelligente Weise das Gewicht zu regulieren. Wir kennen Substanzen, die unsere Nahrung direkt in Energie umsetzen, die unsere Fettzellen knacken und verbrennen, die das Hungergefühl hemmen – aber nicht alles zur selben Zeit.
Den Stoffwechsel sollten wir morgens auf Touren bringen. Entschlackungsprozesse und Stressabbau sind wichtige Teile eines effektiven Abnehmprogramms – beides sind sinnvolle Nachtaufgaben für den Körper. Kurz: Nahrung ist nicht nur die Quelle unserer Kalorien. Sie hat immensen Einfluss auf die biologische Funktion unserer Hormone. Geschickt eingesetzt, verspricht sie Abnehmen ohne Verzicht. (Mehr über dieses Prinzip finden Sie im Kapitel »Besser leben nach der inneren Uhr«, ab Seite 208.)

Krankheit als Störung des inneren Rhythmus

Allmählich gelingt es, Krankheiten als Rhythmusstörungen zu erkennen. Gravierende Veränderungen ereignen sich oft schon im Lauf eines Tages, aber auch im Ablauf der Jahreszeiten, beispielsweise bei Depressionen. Wie das Leiden selbst schwanken auch die

Werte der Diagnose. Sobald jene innere Uhr identifiziert ist, die hier aus dem Takt geriet, haben wir mehr Ansätze für eine mehr Erfolg versprechende Therapie.

Wir wissen, dass Licht ein mächtiger Impulsgeber ist. Das Überleben nach einem Herzinfarkt kann davon abhängen, ob durch die Fenster der Intensivstation Sonne scheint oder nicht. Betten in einem Nordtrakt stehen in einem mysteriösen Zusammenhang zu mehr Todesfällen. Doch der Wechsel zwischen Helligkeit und Dunkelheit durch die Rotation der Erde erklärt keinesfalls jedes Auf und Ab in der Biologie unserer Organe. Genau so wenig wie Aktienkurse nur vom Schein des Mondes bestimmt werden – aber ein bisschen offensichtlich schon.

Annerkannte Wissenschaft

Die Chronobiologen wurden anfangs ausgelacht. Heute ist ihre Wissenschaft die anerkannte Erforschung von Zusammenhängen zwischen Körper, Geist und Zeit. Machen Sie sich auf Überraschungen gefasst!

Hungrig nach Zeitstruktur

Das wertvollste Geschenk der Sonne ist nicht braune Haut

Zählen auch Sie die Tage, die Stunden vor einem Flug in den Süden? Das wäre ganz natürlich, denn uns Menschen treibt ein besonderer Hunger. Wir könnten kaum ohne Zeitstrukturen existieren. Die stärkste schenkt uns die Sonne. Sie programmiert unsere Organe auf Pünktlichkeit. Vermutlich kann unsere umwerfend bessere Stimmung auf Gran Canaria im wissenschaftlichen Sinn als Beweis dafür gelten. Sonnenlicht vollzieht mit uns eine Zeitreise in die Ausgeglichenheit mit der Natur.

Sonne als Zeitgeber allen Lebens

Urlaubstage unter freiem Himmel besitzen in der Regel den höchsten Synchronisierungseffekt des ganzen Jahres. Endlich spüren wir wieder den richtigen Takt. Ein kleiner Teil dieser Wichtigkeit steht auch unserer Haut zu. Ihre Photonen rücken sie in die Champions League der Organe. Das Bad in der Sonne ist weniger ein Risiko, wie es die Kosmetikbranche mit Blick auf ihre Sonnencremes gerne signalisiert, als eine Selbstbehandlung aus Intuition.

Circadiane Sonne

Es ist nicht allein ihre gleißende Kraft, obschon noch im nördlichen Flensburg an einem Sommertag 100 000 Lux vom Himmel strahlen. Es ist die Dynamik des Wellenspektrums. Sonnenlicht verändert sich mit jedem Augenblick. Es ist in biologischer Sicht nicht langweilig wie hellste, künstliche Innenraumbeleuchtung. Unsere Erde dreht sich schief auf einer elliptischen Bahn. Jede Sekunde kommt das Licht der Sonne mit circadianer Veränderung bei uns an. Unser Organismus entziffert daraus Informationen von höchster Aussagekraft – und er hungert danach! Darin liegt die Bedeutung der Sonne als Zeitgeber allen Lebens.

Ohne Sonne gäbe es für uns die präzisen Basisrhythmen unseres Organismus nicht. Der kürzeste messbare Rhythmus dauert eine Zehntelsekunde. In dieser Frequenz schwingen die Ströme des Gehirns. Der längste dauert ein Jahr. Dazwischen schlägt im Sekundentakt das Herz. Alle vier bis sechs Sekunden füllt unsere Lunge sich mit Sauerstoff. Jeweils nach etwa 90 Minuten öffnet sich uns ein Schlaffenster, tagsüber das prägnanteste gegen 15 Uhr – in der Mitte zwischen der Dämmerung des Morgens und des Abends. Nicht nur Winston Churchill schrieb dem Nachmittagsschläfchen große Bedeutung für seine Leistungskraft zu. Napoleon Bonaparte und Thomas Alva Edison wollten es ebenso wenig missen wie John F. Kennedy und Bill Clinton. Sie gewährten dem Körper, was er kurzfristig wollte: Erholung. Vieles andere versagen wir ihm in der Regel aber noch.

Zeitgeber Liebe

Wenn wir bei Versuchen in völliger Dunkelheit, etwa in einer Höhle, den Einfluss der Sonne ausklammern, orientiert sich der Organismus ersatzweise an schwächeren Zeitstrukturen. An Vogelgezwitscher, an Verkehrslärm oder an dem, was die Wissenschaft soziale Kontakte nennt. Dafür lieferte ein Student, Versuchskaninchen im Dienste des berühmten Max-Planck-Instituts, ein beeindruckendes Beispiel. Jeden Tag brachte eine wissenschaftliche Mitarbeiterin die von ihm bestellten Nahrungsmittel in den Vorraum eines zum Labor umfunktionierten Bunkers für Langzeitversuche ohne Kontakte zur Außenwelt. Der junge Mann konnte die Mitarbeiterin nicht sehen, aber hören. Allein die Geräusche halfen seinem Körper, in etwa einen 24-Stunden-Rhythmus von Blutdruck, Körpertemperatur und anderen Messwerten einzuhalten. Erst nach Versuchsende erfuhren die Wissenschaftler die besondere Pointe: Der Student war heftig in die junge Frau verliebt! Das verlieh den Signalen, die er herbeisehnte, bis sie endlich an sein Ohr drangen, spezielle Bedeutung.

Krankheit und Heilung nach Zeitplan

Je mehr wir darüber erfahren, wie ein Leiden unter dem Diktat der Organveränderungen im Lauf des Tages variiert, desto mehr erkennen wir: Auch Krankheiten folgen einer Zeitstruktur. Es ist nicht übertrieben zu sagen: Sie brauchen sie. Gleiches gilt für die Maßnahmen des Körper, mit deren Hilfe er wieder einen Ausgleich anstrebt. Heilung erfolgt nach Plan. Wir sollten ihn genau kennen, wenn wir Krankheiten erleichtern möchten. Jedes einzelne Detail, das wir erfahren, fasziniert.

- Entzündungen, die vom Knochen auf das Gelenk übergreifen, peinigen am häufigsten nachts. Rheumaschmerzen machen den Nachmittag zur Qual. Heilmittel auf der Basis der Chronotherapie konzentrieren sich auf diese schlimmsten Stunden.
- In der Krebsbehandlung stehen die wenigen Erfolgsmeldungen stets im Zusammenhang mit der Chronobiologie. Einige Studien lassen vermuten: Bei der Operation von Brustkrebs wird das Ergebnis auch vom jeweiligen Zeitpunkt innerhalb der Monatsregel beeinflusst. Der Termin der Wahl scheint eine Woche nach dem Eisprung zu liegen.
- Chemotherapie greift gezielt in den Lebenstag der Körperzelle ein. Die Gentherapie drückt uns möglicherweise eine Uhr in die Hand, die Leben retten kann. Manche Krebsbehandlungen mit zwei zelltötenden Wirkstoffen zeigen völlig unterschiedliche Ergebnisse, wenn die Abfolge der Einnahme geändert wird. Der richtige Rhythmus vervierfacht die Überlebensrate!

Solche sensationellen Entdeckungen haben in den zurückliegenden Jahrzehnten die Auffassung endgültig aus der Welt geschafft, es spiele keine Rolle, wann ein Medikament eingenommen wird – Hauptsache, überhaupt.

Möglicherweise liegt im genialen Timing sogar der wichtigste Schlüssel in der Auseinandersetzung mit allen Krankheiten, auch jenen, die heute noch unbeeinflussbar scheinen. Zweifellos folgt der menschliche Organismus biologischen Taktgebern. Sie ändern seine Molekularchemie – minütlich, stündlich, täglich, wöchentlich, jährlich.

Körpertemperatur, Blutdruck, Herzfrequenz und die Ausscheidung von Kalium, einem Zaubermittel für das Gewebe von Nerven und Muskeln, weisen ihre Höchstwerte bei Tag auf, grob zwischen 12 und 18 Uhr. Nachts liegen sie am tiefsten. Schließt man eine Versuchsperson völlig von der Außenwelt ab und nimmt man ihr so jede Information über die Zeit, werden die Schwankungen der Messkurven nur wenig geringer. Allerdings können sie sich im weiteren Verlauf parallel zueinander verschieben.

Warum Montage und Zeitzonenflüge oft schwer fallen

Ein Wochenende verschiebt in der Regel unseren Zeitrhythmus. Alles geschieht ein bisschen später. Der Montagmorgen rückt alles nur scheinbar ins alte Lot. Aufwachen, Frühstück und Mittagessen am Wochenanfang ringen uns eine Anpassung ab, die nicht jedem

Nahrungsaufnahme steigert die Körpertemperatur

Experimente in Höhlen, Versuche während der Lichtperiode in der Arktis und Aufenthalte in eigens für die Wissenschaft geschaffenen Bunkern brachten die gleichen Ergebnisse.

Unsere Rhythmen geben den Hell-Dunkel-Wechsel wieder, aber auch Effekte, die im Körper erzeugt werden. Beispielsweise lässt Essen die Körpertemperatur um 0,1 °C ansteigen. Und bereits der Unterschied zwischen ruhigem Liegen und ein wenig Herumgehen macht sich bemerkbar.

Auch der Magen leidet unter Jetlag

Die Rhythmusverschiebung durch eine ungewohnte Zeitzone führt zu Essensstunden, die für unsere Organe ungewöhnlich sind. Die Anpassung an die neuen Zeiten lässt sich durch die Auswahl der Nahrung beschleunigen: Empfohlen wird dazu eiweißreiche Ernährung am Morgen, z. B. Milchprodukte, während am Abend mehr Pasta oder Kartoffeln als sonst dem Verdauungssystem entgegenkommen.

leicht fällt. Andere Störungen der inneren Uhren sind krankheitsbedingt; die saisonal abhängige Depression ist das häufigste Beispiel dafür.

Auf Zeitzonenflüge reagieren wir unterschiedlich. Am leichtesten stecken Nachttypen, die womöglich jünger und offener sind und zudem flexible Schlafgewohnheiten haben, die chronische Entgleisung zwischen Mensch und Umwelt weg. Morgenmenschen hingegen, noch dazu wenn sie älter als 45 Jahre, verschlossen und mit geregeltem Tagesablauf sind, erleben eindeutig mehr Beschwerden.

Flüge in den Westen verlängern den Tag. Diese Anpassung ist schneller möglich. Ostflüge verkürzen die Helligkeitsphase. Bei bis zu sechs Stunden Zeitverschiebung Richtung Sonnenaufgang fällt es dem Körper schwerer, seinen Normalzustand zu erreichen. Ab sieben Stunden setzt eine gegenläufige Bewegung ein: Der Tagesanfang rückt näher.

Verschiedene Gebiete der Chronobiologie

▸ Ein Spezialgebiet der Wissenschaft untersucht, wie weit durch Medikamente auf biologische Rhythmen Einfluss genommen werden kann. Wie kann mit weniger mehr erreicht werden, während

Neues Risiko – Lichtverschmutzung

Der aus Tschechien stammende Astronom Jan Hollan führt einen Feldzug gegen Umweltverschmutzung durch nächtliches Licht. Helligkeit zum falschen Zeitpunkt greift seiner Einschätzung nach gravierend in den Zeitplan unserer Hormone ein. Dunkelheit ist essenziell wichtig für die Bildung des Hormons Melatonin. Wo seine Konzentration gestört wird, steigt die Intensität bestimmter anderer Hormone an.

Beim Kongress »Krebs und Rhythmen« in der österreichischen Universitätsstadt Graz warnte Hollan 2004 als besonders wichtiger Redner vor einem erhöhten Brustkrebsrisiko bei Frauen, die Schicht arbeiten. »Bei Nacht ohne Dunkelheit zu sein, ist ein Risiko für die Gesundheit«, sagte er.

Über seiner Heimatstadt Brünn beispielsweise ist der Nachthimmel so hell, dass die Milchstraße nicht mehr zu sehen ist. Starkes Straßenlicht lockt Insekten aus bis zu zwei Kilometer Entfernung an. Die Wirkung auf den Menschen ist jedoch weit nachhaltiger!

gleichzeitig Nebenwirkungen abnehmen? Die Aufnahme, die Verteilung im Körper und das Ausscheiden von Substanzen wird durch die Chronopharmakokinetik erforscht.

▸ Wie empfindlich reagiert ein Organ auf ein Medikament? Ist diese Sensibilität stets gleich? Das sind Fragen, die die Chronoaesthesie beantworten will.

▸ Die Chronotherapie hingegen forscht nach der »pünktlichen« Pille: die wirksamste Minimalmenge eines Wirkstoffs zum richtigen Zeitpunkt mit geringsten Schädigungen.

Leider ist es trotz des bisher erworbenen Wissens immer noch die Ausnahme, dass Tabletten mit einem Zeitschloss und Inhalationssubstanzen mit Langzeitwirkung ihre stärkste Hilfe exakt dann absetzen, wenn beispielsweise Asthmapatienten sie am nötigsten haben.

SCN – der impulsgebende Kern im Gehirn

Die inneren Regulatoren teilen jedem Körperbereich Zeiten der Aktivität und Ruhe zu. Warum morgens um 8 Uhr die meisten Sexualhormone erzeugt werden, ist ein Rätsel der Evolution. Aber es ist so. Zwischen 10 und 12 Uhr fallen knifflige Denksportaufgaben am leichtesten – für Prüfungen und Geschäftstermine gibt es keine bessere Zeit. Zwischen 12 und 14 Uhr produziert der Magen die meiste Säure. Ein kleines Nickerchen von 10 bis 30 Minuten wäre danach nicht falsch. Sportliche Rekorde erzielt der Körper am liebsten nachmittags. Steht eine Versöhnung an? Niedriger Blutdruck hilft, Konflikte zu lösen: zwischen 19 und 22 Uhr.

Das Zentrum aller Impulse ist ein Nervenbündel im Gehirn, so groß wie ein Reiskorn, mit dem komplizierten Namen »Suprachiasmatische Nuclei«, kurz: SCN. Seine Bedeutung unterstreicht ein Experiment: Der SCN einer Ratte in den USA und der einer Ratte in Europa wurden untereinander ausgetauscht. Anschließend waren beide Tiere gestört, als litten sie unter Jetlag.

Wenn der Körper nicht mehr natürlich reagiern kann

Als einziges Lebewesen löst sich allein der Mensch immer wieder von seinen Rhythmen. Bereiten Sie sich auf eine Prüfung vor? Retten Sie sich durch einen Sprung vor einem heranrasenden Auto? Kein Problem für unseren hochintelligenten Körper. Er sorgt automatisch in jeder Lebenslage für die entsprechenden Prioritäten. Fortpflanzung oder Verdauung werden in solchen Momenten vorübergehend Nebensache.

Das war in Urzeiten nicht anders, wenn unsere Vorfahren von einem Löwen bedroht wurden. Aber für unseren Körper wird es heutzutage immer schwieriger, natürlich zu reagieren. Hupende

21 Tage Stress
Mäuse wurden für sechs Stunden täglich in ein enges Kätschen gesperrt. Ihre Stresshormone im Blut nahmen kräftig zu. Nach einiger Zeit gewöhnte sich der Kreislauf daran und die Blutwerte normalisierten sich – bis zum 21. Tag. Da wurden die Mäuse aggressiv, ihr Immunsystem brach zusammen, ihre Nervenzellen verkümmerten. Rückschlüsse auf den Menschen sind erlaubt!

Autos, brüllende Bosse, genervte Verkäufer oder verstopfte Straßen spielten in der Evolution keine Rolle. Reaktionen darauf haben wir nicht programmiert. Wenn Stress zu lange anhält, verliert der Organismus die Fähigkeit zum Ausgleich. Aktivität und Erholung sind die Pole des gleichen Pendels.

Stress stört den Biorhythmus

Die Folge von Ehestreitigkeiten kann bis zu 24 Stunden in der Intensität der Produktion einiger Hormone nachgewiesen werden. Sie ist für gewöhnlich morgens höher und abends niedriger. Stress zielt auf das Gehirn. Stress stört die inneren Uhren. Als eine Reaktion unter vielen verringert sich dann die Fähigkeit zum Denken und Merken. Aber hätten Sie gedacht, dass auch das Auffüllen der Fettzellen von unserer Stimmungslage beeinflusst wird? Der Organismus empfindet eine ständige Gefahrensituation und wappnet sich, indem er Extraenergie in Form von Fett bereit hält.

Fühlen Sie sich gefährdet? Würden Ihre Rhythmen von einer Angleichung an das, was Ihr Körper wünscht, profitieren? Vielleicht zeigt bereits ein Blick in Ihren Terminkalender Wege zur Besserung auf. Die Sorge, dass etwas weniger Gas auch weniger Kilometer bedeutet ist unbegründet. Ein dynamischer Körper belohnt Sie mit Power, die für einen 36-Stunden-Tag reichen würde.

Fokus Forschung: Licht plus

Eine Grundkomponente modernster und erfolgreichster Depressionsbehandlung ist die dreigliedrige Lichttherapie, wie der Sonnenlichtforscher und Professor für Medizin, Dermatologie, Physiologie und Biophysik Dr. Michael F. Holick, Universität Boston, sie beschreibt. Sie besteht aus Lichtexposition, antidepressiver Medikation und Wachtherapie: Das Behandlungsprogramm für extreme Depressionsfälle beginnt mit dem Aufstehen mitten in der ersten Nacht, mit der Einnahme der Antidepressiva und mit Wachbleiben bis zur ersten Lichtbehandlung zur Frühstückszeit. Dies bewirkt eine Steigerung des Hormons Serotonin zum Morgen hin.

Kein Gerät kann eine Depression direkt messen. Wissenschaftler beurteilen sie anhand der Bewertungen des Patienten von Gefühlen wie Schuld, Appetitlosigkeit und Trauer. Sicher scheint jedoch ein gewisser Abfall der Serotoninwerte im Blut in den frühen Morgenstunden.

Die »pünktliche« Pille

Warum neue Medikamente ein Zeitschloss brauchen

Die Stunden jenseits von Mitternacht beflügeln die Fantasie der Schriftsteller am stärksten, wie uns die Werke von F. Scott Fitzgerald, Sidney Sheldon oder Johannes Mario Simmel beweisen. Unser Körper macht es ihnen vor. Die Nacht kommt und mit ihr die Rätsel und Leiden. Und auch Biofunktionen haben eine dunkle Seite.

Wenn die Nacht kommt

Dunkelheit, Stille und Isolation können nachts den Stuhl am Bett eines Kranken in einen Löwen verwandeln. Das sind die Stunden, in denen Albträume geboren werden. Ärzte beobachten seit Jahrhunderten, dass sich viele Krankheiten verschlechtern, wenn der Tag geht. Die Wissenschaft ist heute erstmals in der Lage, das zu erklären. Es sind die Hormone und andere biochemische Substanzen, die durch Schwankungen ihrer 24-Stunden-Aktivität den Körper für die Nacht programmieren. Was Gesunden hilft, ist für einige unter uns allerdings höchst problematisch.

Offensichtlich fährt der Organismus einige Funktionen zurück. Ersatzweise verstärkt er mehrere Schutzmechanismen, ehe er es sich erlaubt, in den Schlafzustand zu gleiten.

Abschreckung

Der Magen produziert die meiste Säure in den ersten Stunden des Schlafes. Biologen vermuten darin einen genialen Trick der Evolution. Nächtliche mikroskopisch kleine Krankheitserreger werden dadurch gerade dann abgeschreckt, wenn wir ohne eine chemische Keule besonders wehrlos wären. Als Reaktion häufen sich jetzt Magenbeschwerden. Gewisse Medikamente erweisen sich aber gerade deshalb vor dem Zubettgehen als besonders wirksam.

Nächtliches Fieber

Fieber wird ebenfalls von verwandten Hormonen ausgelöst und gilt als eine der stärksten Abwehrenergien des Körpers. Mit höherer Temperatur wappnet sich unser Organismus gegen Krankheitserreger. Auch das macht wohl nachts den meisten Sinn.

Aus diesem Grund haben bis zu drei Viertel der Asthmapatienten Probleme, nachts richtig zu atmen. Manche von ihnen zeigen überhaupt nur in den dunklen Stunden Symptome der Krankheit. Jeder Mediziner kennt das tragische Beispiel eines Betroffenen, der tagsüber vollkommen gesund ist – und nachts beinahe tödliche Anfälle erleidet.

Jeder Wirkstoff hat sein ideales Zeitfenster

Kann der Körper denn so rücksichtslos sein? Ganz und gar nicht, im Gegenteil: Es ist erwiesen, dass der Verschlussreflex der Luftröhre nachts abgeschwächt ist. Das erhöht theoretisch die Erstickungsgefahr. Im Gegenzug verengen sich in jenen Stunden als Ausgleich ersatzweise die Bronchien. Beide Maßnahmen werden mittels Cortisol und Adrenalin gesteuert. Diese beiden Hormone erreichen ihre größte Bedeutung während des Tages und ihren Tiefpunkt bei Nacht.

Medikamente gegen Asthma kontrollieren die Symptome besser, wenn sie am Nachmittag oder Abend eingenommen werden. Dabei können Stunden den Ausschlag geben. Der eine entzündungshemmende Wirkstoff hilft am besten, wenn er zwischen 15 und 17 Uhr die Blutbahn erreicht, für andere Substanzen hingegen wird das Zeitfenster 17 bis 18 Uhr empfohlen. Nach der Verdauung erreichen beide den Wirkungshöhepunkt dann, wenn sie am nötigsten sind.

Allerdings verfügt unser Organismus über derart viele Kampfprogramme, dass ihr Einsatz manchmal einem Schuss ins eigene Bein gleichkommt. Arthritis, die Gelenkentzündung, ist solch ein Beispiel: Irrtümlich setzt der Organismus Antikörper gegen Bausteine des eigenen Bewegungsapparats ein – wieder bevorzugt bei Nacht. Das hat zur Folge, dass zum Morgen hin die Gelenke steif sind und das Gehen bzw. Bewegen schwer fällt.

Der erste Sonnenstrahl ist noch nicht das Signal für Entwarnung. Gerade Vorgänge im Körper nach Mitternacht gelten als Auslöser für Herzattacken. Zu dieser Zeit beginnt in den meisten Kliniken der Arbeitstag. Zwischen 4 und 6 Uhr früh erhöht sich die Pulsrate, verstärken sich die Kreislaufaktivitäten, ebenso die Fähigkeit des Blutes, zu gerinnen und zu verklumpen. Das machte vor Urzeiten Sinn, wenn der Tagesanfang gleichbedeutend mit Verletzung oder Attacken wilder Tiere war. Heute sind Blutgerinnsel alles andere als eine großartige Maßnahme für ein längeres Leben.

Medikamente mit Zeitschloss

Allmählich stellt sich die Pharmabranche auf derartige Erkenntnisse ein. Mehrere Herzmedikamente sind inzwischen mit einer Art Zeitschloss versehen. Vor dem Schlafen eingenommen, entfalten sie ihre Wirkung Stunden später in der Nacht, mit einem Höhepunkt am Morgen, wenn sie den Herzgefäßen am meisten dienen.

Völlig unkoordiniert schlagen unterschiedliche Schmerzgruppen zu. Viele Studien bestätigen: Zahnschmerzen werden morgens gegen 8 Uhr am schlimmsten empfunden. Migräneattacken häufen sich in einem vergleichbaren Turnus. Gallensteine machen sich am unangenehmsten gegen Mittag bemerkbar. Die Endphase von Krebsleiden ist am schwersten in den Stunden vor der Morgen-

Ein Rhythmus der Einbildung
Rheumaattacken, Gelenksentzündungen, Reaktionen auf operative Eingriffe wiederholen sich in Wellen von Auf und Ab. Sogar die Einbildung, dass ein bestimmtes Heilmittel hilft, wird uns vom Gehirn mal stärker, mal schwächer vorgegaukelt, wie Auswertungen des Placebo-Effekts beweisen.

dämmerung und in der Mitte des Nachmittags zu ertragen. Und Nieren sind völlig unberechenbar, wenn sie rebellieren.

Erwiesen ist zweifelsfrei: Auch die Durchblutung der Leber und anderer Organe verläuft nicht kontinuierlich gleich verteilt über die 24 Stunden eines Tages. Je höher der Blutfluss, desto rascher erfolgt die Aufnahme von Wirkstoffen. Maximalwerte stellen sich regelmäßig gegen 3 Uhr früh ein, zwölf Stunden später dann das gegensätzliche Phänomen. Das muss bei der medikamentösen Behandlung beachtet werden.

Vom richtigen Zeitpunkt

Für Substanzen gegen Magenbluten und lebensbedrohliche Magenwanddurchbrüche gibt es eindeutig besonders geeignete Zeitpunkte: am Abend. Erste Erfahrungen zeigen: Auch Patienten fühlen eindeutig Tageszeiten, in denen sie ein Medikament lieber und zuverlässiger einnehmen als sonst. Die Zeit vor dem Zubettgehen zählt dazu. Dadurch wird die Therapietreue – dass der Rat des Arztes befolgt wird – erheblich gestärkt.

Millionen Rheumapatienten greifen regelmäßig zu Tabletten mit Acetylsalicylsäure (ASS, z. B. in Aspirin). Zudem glauben viele Menschen, mit dem schmerzlindernden und entzündungshemmenden Effekt von ASS auch ohne ärztliche Empfehlung ihrem Herzen etwas Gutes tun. Die eingenommenen Wirkstoffe gelten jedoch heute als Hauptursachen für massive Magenschädigungen. Werden sie abends geschluckt, sind sie eindeutig besser verträglich als morgens.

Es fällt der Medizin schwer, in diesen Abfolgen einen höheren Sinn zu erkennen und – noch mehr – die besten Antworten zu entwickeln. Manche Medikation ist dann angebracht, wenn dem Körper der entsprechende Stoff fehlt. Andere zeigen die am besten verträgliche Wirkung zu einer Zeit, an dem der Körper ein Maximum davon produziert. Das trifft z. B. auf Cortisol zu, ein Hormon der Nebennierenrinde. Bei Rheuma kann es Entzündungen hemmen.

Doch die Wissenssammlung der Chronobiologie findet bereits auf breitester Front statt. Eine Forschungsgruppe des Instituts für Pharmakologie und Toxikologie der Ruprecht-Karls-Universität Heidelberg hat erstmals in Europa eine Gruppe kleiner Nagetiere mit Aggregaten ausgestattet, die eine Fernabfrage von Messergebnissen ermöglichen. Frei bewegliche, weitgehend ungestresste Mäuse und Ratten ließen sich mittels implantierter Sonden genauestens auf den Pelz fühlen. Blutdruck, Herzfrequenz und Körpertemperatur wurden über Monate aufgezeichnet. Eines der erstaunlichen Ergebnisse: Auch bei Nagetieren kommt es vor, dass der nächtliche Blutdruckabfall ausbleibt. Das gleiche Phänomen gilt beim Menschen als Hinweis auf Herz-Kreislauf-Risiken.

Fünf Fragen

Die Chronokinetik kreist um fünf W-Fragen:

- Wo genau im Körper wird ein Wirkstoff benötigt?
- Wie viel Zeit nimmt der Transport dorthin in Anspruch?
- Wie transportiert man ihn dorthin?
- Wie wird der Organismus diese Substanzen wieder los?

Daraus entwickelt sich die Antwort auf die wichtigste Frage:

- Wann verabreiche ich den Wirkstoff?

Entwicklung der »pünktlichen« Pille

Stellen Sie sich die Aufgabe vor, die Inhaltsstoffe einer Pille aus dem Dünndarm in ein Zielorgan zu bringen. Bis es so weit ist, muss einiges bewältigt werden. Als Erstes sollten die Wirkstoffe gegen die Umstände im Magen, aggressiver als Salzsäure, gewappnet sein, um diese Passage heil zu überdauern. Danach muss ins Kalkül gezogen werden: Was geschieht mit den Substanzen in der Leber? Werden sie zum Großteil abgebaut, müsste man ein Mehrfaches auf den Weg schicken, damit ein Rest das Zielorgan erreicht. Besser jedoch wäre, man präpariert die Pille so, dass sie als eine Art Vorprodukt geschluckt wird. Erst durch die Stoffwechselveränderungen, die damit in der Leber geschehen, wird es zu jenem Medikament umgebaut, das am Einsatzort zur Verfügung stehen soll! Nächste Frage: Wie lange soll der Transport insgesamt dauern? Auch das nimmt Einfluss auf die Tageszeit. Wenn das Präparat gleichzeitig mit Nahrung eingenommen wird, bewegt es sich nur langsam durch den vollen Darm. Zwischen den Mahlzeiten ist eine derartige Passage deutlich kürzer.

Circadiane Schwankungen innerhalb von 24 Stunden

Chronokinetik ist die Wissenschaft, die sich mit solchen Überlegungen befasst. Selbst wenn wir alle zwei Stunden die exakt gleiche Menge Wasser trinken, sind unsere Nieren davon nicht sehr beeindruckt. Die Menge des Urins sowie seine sauren, neutralen oder alkalischen Eigenschaften folgen innerhalb eines Tages »circadianen« Schwankungen. Auch andere Stoffe werden innerhalb von 24 Stunden in Mengen, die sich tageszeitlich um ein Vielfaches unterscheiden, hergestellt oder ausgeschieden. Selbst Zunahmen um 400 Prozent weisen nicht unbedingt auf eine Krankheit hin.

Jetlag trotz Top-Fitness

Selbst austrainierte deutsche Athleten zeigten während der Olympischen Sommerspiele in Atlanta noch elf Tage nach dem Transatlantikflug deutliche Verschiebungen in den täglichen Rhythmen ihrer Laborwerte. Ihr Organismus hinkte lange Zeit vier Stunden hinterher, trotz schwerer Trainingseinheiten am Vormittag und am Nachmittag. Die inneren Zeitgeber waren wirksamer als die Lokalzeit und sämtliche Aktivitäten eines Leistungssportlers.

Irritation der circadianen Rhythmen des Körpers

Die Anpassung an eine Zeitzone mit sechs Stunden Unterschied erfolgt nicht vom Scheitel bis zur Sohle gleichzeitig. Als erstes geraten der Herzschlag, dann der Schlaf-wach-Rhythmus wieder in Takt mit der neuen Lokalzeit (zwei bis drei Tage). Die Körpertemperatur und einige Hormone weisen Differenzen über einen längeren Zeitraum auf (fünf bis acht Tage). Das sind allerdings nur Mittelwerte. Einzelne Personen können bereits nach 48 Stunden topfit sein. Andere hängen fast während eines kompletten Drei-Wochen-Urlaubs in Florida in den Seilen.

Unser Blutdruck und unser Herzschlag begleiten uns synchron aktiv durch den Tag. Krankheiten wie z. B. Nierenleiden und Diabetes mellitus können diese Logik auf den Kopf stellen: Oft zeigen Messungen den einen Höchstwert bei Nacht, den anderen jedoch bei Tag. Diese Rhythmusverschiebung kann in der Folge Schädigungen von Gehirn, Herz, Nieren oder Gefäßen verursachen.

Patienten können in jedem Fall mithelfen. Sie sollten in einem Tagebuch die Stunden des Schlafens, des Wachseins und der Medikamenteneinnahme verzeichnen. Selbst wenn Ärzte damit noch nicht viel anfangen sollten – bereits der Patient und seine Familie profitieren, wenn sie über die Zyklen der Krankheit besser Bescheid wissen. Dazu gehört auch, die Angaben der Patienteninformation auf dem Beipackzettel der einzunehmenden Medikamente richtig zu deuten (siehe Kasten unten).

Medizin der Zukunft

Überspringen wir in unseren Vorstellungen einmal die kommenden Jahre. Im Krankenhaus der Zukunft wird die Bedeutung der Tageszeit eine völlig andere sein als heute. Untersuchungen und Behandlungen werden die aktivsten Phasen jedes Leidens stärker berücksichtigen. Asthmapatienten werden um Mitternacht in die Sprechstunde bestellt. Die Ergebnisse werden dann am aussagekräftigsten sein. Untersuchungen am Herzen sind am frühen Morgen angesagt. Moderne Substanzen zur Auflösung von Blutgerinnseln stehen am Nachmittag auf dem Programm. Dann ist die Fähigkeit des Blutes zu verklumpen am schwächsten ausgeprägt.

Eine israelische Studie hat nachgewiesen, dass der richtige Zeitpunkt den Unterschied zwischen Überleben und Sterben ausmachen kann. Denn nicht länger ist eine Stoppuhr zuverlässiges medi-

Man nehme ...

Einige Beispiele aus der Patienteninformation übersetzt:

- »Vor dem Essen«: etwa 30 Minuten vor der Mahlzeit
- »Zum Essen«: kurz vor einer Mahlzeit
- »Unmittelbar nach dem Essen«: innerhalb von 30 Minuten nach einer Mahlzeit
- »Nach dem Essen«: bis zu zwei Stunden danach
- »Einmal täglich«: täglich zur gleichen Uhrzeit. (Eine Angabe, wann genau, fehlt bei den meisten Medikamenten immer noch.)
- »Zweimal täglich«: zwölf Stunden Abstand zwischen den Einnahmen
- »Dreimal täglich«: acht Stunden Abstand zwischen den Einnahmen

Statt Chronobiologie entscheidet die Klinikuhr

Heute pumpen implantierte Apparaturen genau dosierte Mengen gewisser Substanzen direkt in den Kreislauf der Patienten. Den Zeitpunkt bestimmt die Klinikuhr, nicht eine chronobiologische Erkenntnis. Künftige Generationen solcher medizinischer Helfer werden die Körpertemperatur messen und die Zeitschienen einzelner Organe erkennen. Diese Impulse werden ihre Taktgeber sein.

zinisches Gerät. Entscheidend ist die richtige Interpretation der Schwingungen und Schwankungen im Organismus.

Ein Beispiel dafür: Dr. Hugh Simpson von der Glasgow University of Scotland hat parallel die Konzentration von Adrenalin bei schottischen Studenten und einer Gruppe Inder inmitten eines heimischen Regenwaldes ermittelt. Von 9 bis 12 Uhr Lokalzeit war das indische Testergebnis am höchsten. Die jungen Leute im Westen wiesen ihr Maximum zwischen 12 und 15 Uhr auf. Erst näheres Hinsehen lieferte die Erklärung für diese große Differenz. Beide Gruppen hatten zwei völlig unterschiedliche Schlaf-wach-Zyklen. Die Inder begannen ihren Tag mehrere Stunden eher als die Schotten. Der Hormonzyklus war synchron mit den Gepflogenheiten, nicht mit den Zeigern einer Uhr.

Zeitpunkt und Dosis sind gleich wichtig

Gezählt sollen die Tage sein, in denen der Schichtplan der Kliniken die Abfolge medizinischer Maßnahmen bestimmt. Die Chronobiologie liefert den dringenden Anstoß, den Zeitpunkt für ebenso wichtig zu erachten wie die Dosis.

Jedes Medikament soll eine Veränderung auslösen. Jetzt wissen wir: Die Systeme unseres Körpers sind einmal mehr, einmal weniger auf Empfang gestellt. Damit unterliegt auch die biologische

Information der verabreichten Substanzen den gleichen Schwankungen. Erschwert wird der optimale Umgang mit diesen Chancen durch den Umstand, dass eine Pille ebenfalls eine Art äußerer Zeitgeber sein kann.

»Pünktliche« Pillen für Krebstherapie und Transplantationen

Fieberhaft sind die Bemühungen der Krebsforschung, geringstmöglichen Schaden mit größtmöglichstem Nutzen zu vereinen. Dabei werden die Wissenschaftler von einer fundamentalen Erkenntnis beflügelt: Der größte Teil menschlicher Zellen teilt sich grob einmal in 24 Stunden – aber nicht ständig, gleichzeitig, ununterbrochen. Man erkennt Hauptphasen des Ruhens und solche des Teilens sowie zwei weitere. Unsere Haut beispielsweise erneuert sich vor allem zwischen Mitternacht und 4 Uhr früh. Zu einem bestimmten Zeitpunkt wird für jede neue Zelle die Struktur der DNS (unserer Erbsubstanz) zusammengesetzt. Der Rhythmus von Krebszellen ist unkontrolliert und nicht identisch mit dem biologischen Geschehen in gesunden Zellen. Darin liegt die Chance, den Zeitpunkt zu ermitteln, in dem Zytostatika (Substanzen, die die Zellen an der Teilung hindern) am erfolgreichsten sind.

Das Masonic Cancer Center in Minneapolis empfiehlt, gewisse zelltötende Substanzen gegen 6 Uhr früh zu verabreichen. Dann sind gefürchtete Nebeneffekte, z. B. Unfruchtbarkeit, stark abgeschwächt. Ein anderes Krebsmittel muss konkret am Nachmittag eingeflößt werden. Dann werden die Nieren am besten mit den Immunreaktionen fertig. Außerdem erholen sich die Behandelten um etwa eine Woche rascher.

Fast vier Jahrzehnte nach der ersten Herzverpflanzung durch Dr. Christiaan Barnard verfügt die Wissenschaft über fundierte statistische Aussagen aus der Transplantationsmedizin. Zellen der

Körperabwehr bekämpfen fremdes Gewebe mit wechselnder Aggressivität innerhalb ihrer 24-Stunden-Schicht. Während der Erholungsphase sind die Energien mitunter zu schwach, um erfolgreich einen Abstoßungsprozess einzuleiten.

Diese Erkenntnisse werden in Zukunft im Rahmen von Organtransplantationen Einfluss haben auf den Zeitpunkt der Gabe von Medikamenten, die das Immunsystem und damit Abstoßungsreaktionen unterdrücken.

Fokus Forschung: Natur mit Uhr

Baldrian und Johanniskraut stellen bei unbekanntem Funktionsmechanismus verblüffende Beispiele unterschiedlicher Wirkungen dar. Beide Heilpflanzen gelten rund um die Uhr als Anxiolytika (»Angstlöser«), die bei bestimmten Angst- und Spannungszuständen dämpfend wirken. Morgens eingenommen wirken ihre Substanzen aufhellend, abends machen sie hingegen schläfrig.

Unser Organismus glaubt nicht an Zufall

Auch Krankheiten sind logisch und chrono-logisch

Vertrauen auch Sie leichtfertig auf die Wunderkräfte von Antibiotika? Dann sollten Sie Ihre Meinung vielleicht überprüfen. Substanzen der Penicillingruppe zerstören einzig Gewebe, das gerade entsteht. Ausgereifte Krankheitserreger sind außen vor. Es ist deshalb von entscheidender Bedeutung, solche Medikamente pünktlich dann zu verabreichen, wenn sie die größte Wirkung zeigen.

Ein einfacher blauer Fleck würde genau genommen eine dreistufige Reaktion erfordern: Erst die Behandlung des Schmerzes, dann eine Therapie gegen das Einbluten des Gewebes, zum Abbau von Druck. Und schließlich die Gabe von Medikamente für die Auflösung eingebluteter Substanzen. Wissenschaftliche Arbeiten auf den Gebieten der Chronokinetik und Chronotherapie haben in jüngster Zeit die Wichtigkeit der Zeitschiene bei der Beurteilung und Bekämpfung von Krankheiten belegt.

Blutdruck erreicht bei den meisten Menschen seinen Höchstwert zwischen Mittag und Abend. Häufig zeigt er außerdem eine 48-Stunden-Frequenz. Daraus wird die Empfehlung abgeleitet, vor einer Diagnose und Behandlung mit entsprechenden Medikamenten mehrere Messungen über zwei Tage zu verteilen.

Der Chronobiologe Dr. Halberg stieß auf unglaublich erscheinende Ergebnisse: Eine lange Liste von Betäubungsmitteln kann von vielen Versuchstieren zu einem bestimmten Zeitpunkt mühelos ertragen werden. Die gleiche Dosis ist zwölf Stunden früher

Standfoto aus dem Labor

Bereits 1986 urteilte der österreichische Wissenschaftler Dr. Franz Halberg, Inhaber des ersten Lehrstuhls für Chronobiologie an der Universität von Minnesota, über Laborergebnisse: »Ein einziger Wert oder sogar eine Abfolge zu einem zufälligen Zeitpunkt sagt genau so viel aus wie ein Standfoto von einer Loopingbahn auf dem Rummelplatz.«

Pflanzen spüren im Keller die Sonne

Der französische Mathematiker und Physiker J. J. Mairan verbannte 1729 eine lichtempfindliche Pflanze in die absolute Dunkelheit seines Kellers. Und er stellte fest: Die Pflanze drehte sich weiterhin in einem 24-Stunden-Rhythmus Richtung Sonne, erst in den Osten, dann nach Süden, wie sie es immer getan hatte. Überliefert wurde seine Erkenntnis in dem Werk »Recherche physico-mathématique sur la réflexion du corps.«

oder später jedoch tödlich. Diese Entdeckungen sind kaum zwei Jahrzehnte alt. Die Wissenschaft hätte um einiges früher dahinter kommen können, wenn sie danach gesucht hätte …

Die Chronotherapie in der chinesischen Medizin

Weit davor entwickelte die traditionelle chinesische Medizin die circadiane Akupunkturtechnik. Sie bestimmt die beste Zeit, um einen Patienten zu nadeln, und ermittelt die im jeweiligen Augenblick aktivsten Akupunkturpunkte. Diese Behandlungstechnik beruht auf der Annahme, dass der Energiefluss im menschlichen Körper Ebbe und Flut bildet, wie die Ozeane, und dass Krankheiten ihren eigenen chronologischen Rhythmus entwickeln.

Erstmals beschrieben wurde dieses Wissen 1153 v. Chr. in der Schrift »Der Energiefluss von Mitternacht bis Mittag«. Etwa 250 Jahre danach fasste der berühmte chinesische Arzt Xu Feng die Erfahrung mit der chronischen Irritation der Meridiane in seinem berühmten Akupunkturbuch zusammen. Zu unterschiedlichen Zeiten konzentriert sich die wandernde Energie auf wechselnde Punkte. Werden gleichzeitig die entsprechenden Hautstellen stimuliert, ist der Effekt am stärksten.

Die traditionelle Akupunktur wendet den Mondkalender an. Sie teilt den Körper in zehn Stämme. Jedem wird ein Zeitfenster von rund zwei Stunden zugerechnet. Auch die Moxibustion, das Verbrennen von Heilkräuterhäufchen auf bloßer Haut, zeigt demnach eine von der Tageszeit abhängige stimulierende Wirkung.

In der chinesischen Medizin wird der Leber die entscheidende Rolle beim Transport der Energien zugeschrieben. Ihre Durchblutung wirkt auf Körper und Geist. Daraus entwickelten die alten Heiler eine erste Form der Chronotherapie – obwohl sie dabei gewisse Schwierigkeiten zu überwinden hatten. Denn bei der Anwendung von Akupunktur müssen Heiler und Patient zusammenkommen – auch wenn der ideale Zeitpunkt 3 Uhr früh sein sollte.

Die Organuhr

In groben Zügen folgt die chinesische Erfahrungsmedizin seit fünf Jahrtausenden den gleichen Vorstellungen: Eine Energie namens Chi, der Ursprung des Lebens, kreist auf bestimmten Bahnen, den so genannten Meridianen, durch die zwölf wesentlichen Organe. Alle zwei Stunden wird ein bestimmter Hauptkörperbereich besonders aktiv. In genau dieser Zeit ist die Energie dort in höchster Kraft anwesend. Jedoch zwölf Stunden später erreicht dieses Organ seinen niedrigsten Ladezustand. Durch das Einstechen goldener und silberner Nadeln in bestimmte Hauptpunkte kann die Lebenskraft gesteuert werden.

Gemäß der Yin-Yang-Lehre ordnen sich die Organe des Menschen in zwei Gruppen:

- Die Gruppe des Tages mit Dünndarm, Blase, Hormondrüsen, Gallenblase, Dickdarm und Magen.
- Die Nachtgruppe mit Herz, Nieren, Kreislauf, Leber, Lunge, Milz und Bauchspeicheldrüse (Pankreas).

Unsere Organuhr

Diesen Tagesrhythmus der Top-Zeiten gibt die Organuhr vor (sie soll aber keineswegs den Termin beim Arzt ersetzen!):

- Herz: 11 bis 13 Uhr, am schwächsten 23 bis 1 Uhr
- Dünndarm: 13 bis 15 Uhr, am schwächsten 1 bis 3 Uhr
- Blase: 15 bis 17 Uhr, am schwächsten 3 bis 5 Uhr
- Nieren: 17 bis 19 Uhr, am schwächsten 5 bis 7 Uhr
- Kreislauf: 19 bis 21 Uhr, am schwächsten 7 bis 9 Uhr
- Hormondrüsen: 21 bis 23 Uhr, am schwächsten 9 bis 11 Uhr
- Gallenblase: 23 bis 1 Uhr, am schwächsten 11 bis 13 Uhr
- Leber: 1 bis 3 Uhr, am schwächsten 13 bis 15 Uhr
- Lunge: 3 bis 5 Uhr, am schwächsten 15 bis 17 Uhr
- Dickdarm: 5 bis 7 Uhr, am schwächsten 17 bis 19 Uhr
- Magen: 7 bis 9 Uhr, am schwächsten 19 bis 21 Uhr
- Milz, Pankreas: 9 bis 11 Uhr, am schwächsten 21 bis 23 Uhr

In seiner Optimalzeit sollte jedes Organ angemessen belastet und gefordert werden können. Unmittelbar daran schließt sich eine Erholungsphase von zwei Stunden an.

Daraus entwickelt sie eine Art Biouhr. Durch Beobachtung des beherrschenden Organs innerhalb seiner Zeitperiode können Rückschlüsse auf ein Leiden und auf seine Heilung gezogen werden. Beispiel: Der Leber gehören die Stunden von 1 bis 3 Uhr nachts. Zeigen sich dann Schlafstörungen? Sie könnten von einer Fehlfunktion herrühren. Sitzt eine Person zwischen 3 und 5 Uhr früh aufrecht im Bett und ringt nach Luft? Das ist die Maximalzeit der Lunge – Verdacht auf Asthma.

Genforschung auf den Spuren der inneren Uhren

Die Chronobiologie der westlichen Wissenschaft blickt nicht zu den Sternen. Doch auch sie berücksichtigt die wichtigsten Zeitgeber der Umwelt, wie Sonne, Mond, Gezeiten, Licht, Dunkelheit,

Jahreszeiten, Temperatur, atmosphärischer Druck, Luftfeuchtigkeit oder Trockenheit. Sie allein reichen jedoch nicht aus, das zu erklären, was wir innere Uhren nennen. Erst die Genwissenschaft hat uns bewiesen: Der Mensch ist ähnlich programmiert wie eine Maus, eine Ratte oder ein Huhn. Unsere DNS enthält etwa zehn unterschiedliche Zeitmoleküle. Unsere Reaktionen darauf sind nicht freiwillig, sondern unausweichlich.

▶ Eine Reihe von Hormonen stellt der Organismus am Nachmittag besonders reichlich zur Verfügung, z. B. Adrenalin und Histamin. Am deutlichsten profitiert die Leistungsfähigkeit der Lunge davon.

▶ Blutgerinnsel in Gefäßen des Herzens bilden sich eher um 9 Uhr morgens als um 23 Uhr.

▶ Der Montagmorgen zeigt Häufungen von Herzattacken.

▶ Hodenkrebs wird bei Männern unter 35 Jahren häufiger im Winter entdeckt als in den warmen Monaten.

▶ Das Auf und Ab der Körpertemperatur verschiebt sich beim Auftreten von Depression.

Mysteriöse Mondrhythmik

Westliche Deuter haben sich intensiv mit Vorgängen im Rahmen der Mondrhythmik befasst. Danach eignet sich jede der vier Mondphasen für bestimmte Handlungen und Entscheidungen.

▶ Der Vollmond und die folgenden Tage begünstigen das Fasten und den geistigen Austausch – dies ist beispielsweise positiv für ein Vorstellungsgespräch.

▶ Der abnehmende Mond erleichtert körperliche Arbeit und die Gewichtsreduktion. Wunden bluten weniger und heilen schneller – das sind also günstige OP-Tage.

▶ Der Neumond gilt als Startsignal für ein erfolgreiches Unterfangen.

▶ Der zunehmende Mond fördert die kreative Leistung. Medikamentengaben und Therapien sind in dieser Mondphase wirkungsvoller. Außerdem ist dies die Zeit für Entspannung.

▶ Manche psychische Erkrankungen treten in Schüben auf. Oft werden diese Regelmäßigkeiten nicht erkannt, weil der Takt dieser Störungen extrem lang ist. Das erschwert die Beurteilung, ob ein Medikament erfolgreich ist. Zunehmend erkennt die Medizin diese Perioden. Betroffene und Angehörige lernen dadurch, sich besser darauf einzustellen.

Voraussetzung für die Identifizierung und Präzisierung dieser Rhythmen ist eine kontinuierliche Erfassung von Informationen in so genannten Symptomtagebüchern. Häufig müssen sie über Monate geführt werden.

Viele Beschwerden scheinen das Resultat unterschiedlicher Zyklen zu sein. Atemnot und Brustenge hängen von der Muskelspannung der Atemwege und der Weite der Bronchien ab. Aber es gibt da einen zusätzlichen ausschlaggebenden Faktor: Wann die Schleimhäute besonders empfindlich auf störende Substanzen reagieren. Beispielsweise löst Hausstaub nachts eher eine Allergie aus als tagsüber. Auch Entzündungsvorgänge sind eher nächtliche Aktivitäten der körpereigenen Abwehr. Weitere Differenzen ergeben sich aus dem Umstand, dass unser Immunsystem gegen Ende des Sommers wesentlich besser funktioniert als in der letzten Phase der dunklen Jahreszeit.

Zeitgesteuerte Darmkrebstherapie

Unausweichlich werden wir der Chronotherapie mehr und mehr Antworten abringen. Viele Kliniken in aller Welt haben aufwendige Testreihen gestartet. Unter Führung des auf Krebserkrankungen spezialisierten Hopital Paul Brousse in Villejuif, Frankreich, werden vier Chemotherapiesubstanzen gegen Darmkrebs neuerdings in Minimaldosen zu bestimmten Tageszeiten verabreicht. Die Betroffenen tragen zu Hause am Körper eine automatische Pumpe.

Sie enthält vier Kammern von 100 bis 2000 Milliliter Kapazität. Bisher erfolgte diese Anwendung hoch dosiert im Krankenhaus. Mehr als 1500 Patienten haben bisher von der neuenTherapieform profitiert. Die Drei-Jahre-Überlebensrate ist signifikant gestiegen. In Rattenversuchen wurden für wachstumhemmende Wirkstoffe sogar elf verschiedene Tageszeiten rund um die Uhr für höchste Effektivität ermittelt! Ärzte melden einen Rückgang an nicht operablen Metastasen. Die Ergebnisse der Chronotherapie gegen den Darmkrebs sind so ermutigend, dass die Europäische Krebsgesellschaft diese Behandlung bereits empfiehlt.

Zeitgesteuerte Herz-Kreislauf-Therapie

Kliniken gehen dazu über, die Wirkung von Medikamenten im Abstand von 30 Minuten zu messen und zu analysieren. An der Universitätsklinik für Frauenmedizin in Tokio wurde ein Medikament gegen stark erhöhten Blutdruck zweimal täglich, ein weiteres nur am Morgen verabreicht. So stieß man durch Zufall auf eine verbesserte Behandlungsmöglichkeit. Während die Blutdruckwerte insgesamt gesenkt wurden, reduzierte sich der Unterschied zwischen den Messergebnissen des Tages und der Nacht ebenfalls. Je größer diese Differenz, desto eher droht einer Gefäßerkrankung.

Gefahr aus dem Blut

Auch Frequenzen des Fibrinogens, einer für die Blutgerinnung entscheidenden Substanz, gelten als Vorankündigung möglicher Herzprobleme. Seine Konzentration folgt dem Blutdruck. Sie steigt deutlich im Winter an, mit einem Höchstwert im Februar. Am geringsten ist die Gefahr eines Blutgerinnsels im September und Oktober. Infarkte häufen sich gegen 10 Uhr. Zehn Stunden danach erreicht ein Plasmaprotein der Leber den Höchstwert – dies kann man messen.

Erst das Bekenntnis vieler Universitäten und Kliniken zur Chronobiologie war die Geburtsstunde solch eminent wichtiger Untersuchungen. Eine Reihe von Testergebnissen hat bereits gut berechenbare 24-Stunden-Rhythmen in der Behandlung mehrerer großer Krankheitsgruppen ergeben. Dazu zählen beispielsweise Arthritis, Asthma, Allergien, Magengeschwüre, Störungen des Fettstoffwechsels und Krebs.

Viele Fragen sind noch offen. Jugendliche mit Nierenproblemen nehmen ihre Vitamin-D3-Tabletten für gewöhnlich am Morgen. Sie sollen die Nebennierenrinde stimulieren, deren Leistungshoch jedoch am Abend erreicht wird. Wäre dies die bessere Tageszeit? Eine Frage, die noch nicht geklärt ist.

Eine Frage der Zeit

Das Mysterium der Zeit ist Auslöser für einige der kniffligsten Gedankenspiele, mit denen Physiker sich befassen. Warum kann Sahne in Kaffee eingerührt werden, aber wir scheitern bei jedem Versuch, diesen Vorgang rückgängig zu machen? Weshalb kann Parfümduft nicht wieder in ein Fläschchen gesperrt werden? Warum erinnern wir uns an die Vergangenheit und haben keine Kenntnis von der Zukunft? Ein Astrophysiker der angesehenen Princeton University, Professor Dr. J. Richard Gott, vertritt den Standpunkt: Kein Gesetz der Physik, das wir kennen, verbietet eine Zeitreise. Den Naturgesetzen ist es egal, in welche Richtung Zeit fließt. Theoretisch können wir immer noch das Woodstock-Festival aufsuchen, Albert Einstein zum Essen treffen und Dinosaurier unter freiem Himmel beobachten. Dr. Gott: »Unsere Vorstellung von Zeit ist eine Annäherung, vielleicht sogar eine Illusion. Wir sehen einen Fluss – aber wir sehen nicht die Moleküle, aus denen er sich zusammensetzt.«

In seinem jüngsten Buch über das Universum schreibt der berühmte Physiker Dr. Stephen Hawking: »Auch wenn es sich herausstellen sollte, dass Reisen zurück in die Vergangenheit unmöglich bleiben, ist es wichtig, dass wir verstehen warum.«

Noch ist die Wissenschaft nicht so weit.

Fokus Forschung: Maximaleffekt

Entscheidend für die Wirkung von medikamentösen Substanzen ist die Durchblutung des gesamten Verdauungsapparats vom unteren Speiseröhrendrittel bis hin zum Dickdarm. Diese Durchblutung, wissenschaftlich als Perfusion bezeichnet, unterliegt rhythmischen Schwankungen. Je höher die Durchblutung, desto rascher nimmt der Organismus Wirkstoffe auf. Am geringsten ist die Durchblutung gegen 15 Uhr, am größten gegen 3 Uhr nachts.

Ticken wir richtig?

Warum uns schon das Wochenende aus dem Rhythmus bringt

Fragen Sie Ihre Freunde, weshalb die »Exxon Valdez« vor der Küste Alaskas auf Grund lief. Sie werden hören: »Der Kapitän war betrunken.« Eine Jury erkannte jedoch: Er griff erst zur Flasche, nachdem das Schiff verunglückt war. Das National Transportation Safety Board entschied: Ursache der Havarie war Ermüdung. Die Deckoffiziere, erschöpft von einer langen Ladeschicht, achteten nicht ausreichend auf den Matrosen am Steuerrad. Die größte Ölkatastrophe der Geschichte passierte als Konsequenz unserer 24-Stunden-Gesellschaft. Der Tanker rammte ein Riff am frühen Morgen, wo menschliche Wachsamkeit ihren Tiefpunkt hat. Zwischen Mitternacht und 6 Uhr früh – das waren auch die Schicksalsstunden der Nuklearexplosion in Tschernobyl, 1:23 Uhr, des Zwischenfalls im Atomkraftwerk Three Miles, 4:00 Uhr, und der Giftwolke im indischen Bhopal, gegen Mitternacht. Und jeder zweite tödliche Verkehrsunfall weltweit hat seine Ursache im Sekundenschlaf.

Die 24-Stunden-Wirschaft

Das Informationszeitalter diktiert unseren Stundenplan. Das Aneignen und Verarbeiten aktuellster Daten kann über Gewinn und Verlust entscheiden, nicht nur an den Weltbörsen. Unsere niedrigen Lohnstückkosten sind die Voraussetzung dafür, dass wir trotz hoher Tarife Exportweltmeister sein können. Dieser Erfolg kommt nicht ohne Preis: Unsere Produktionsanlagen rentieren sich nicht im Einschichtbetrieb. Jede 24-Stunden-Wirtschaft benötigt eine enorme Zulieferstruktur. Aber die Tatsache, dass Millionen Menschen nachts aktiv sind, beweist nicht, dass Nachtarbeit leicht fällt. Sie leben gegen ihre biologische Uhr, denn die Schichtarbeit wird nicht von einer Umstellung der inneren Regelsysteme begleitet.

Die Problematik von Schichtarbeit und Schlafentzug

Wir sind die einzigen Lebewesen, die unseren Schlaf in einer einzigen Periode konsumieren. Alle anderen halten kurze Nickerchen. Das ist ein Erbe der Urzeit. Unsere Vorfahren, die sich bei Dunkelheit aus der Höhle wagten, wurden Beute der Raubtiere.

Die Welt umjubelte die britische Seglerin Elen McArthur, weil sie den Mut bewies, sich allein den Naturgewalten der Ozeane auszusetzen. Ihr Schiff kollidierte beinahe mit einem Wal. Sie musste ein Feuer bändigen. Ein Mast verletzte sie am Arm. Wissenschaftler haben jedoch eine eigene Priorität in dem Punkt, worin ihre wirklich außergewöhnliche Leistung bestand: 71 Tage und Nächte und 14 Stunden lang konnte sie ihrem Organismus niemals ein Schlafpensum länger als eine Stunde einräumen. Dennoch meisterte sie eine Reihe von Herausforderungen, für die mentale Wachsamkeit eine unabdingbare Voraussetzung sind.

Die 28 Jahre alte Britin trotzte den Vorgaben einer Millionen Jahre langen Evolution. Wie unendlich schwierig das ist, zeigen die generell hohen Unglücksraten bei Schlafentzug, zeigen in Schichtbetrieben die signifikanten Verluste an Kreativität und Produktivität sowie die Zunahme an Qualitätsmängeln.

Extreme Kosten durch die 24-Stunden-Gesellschaft

Martin Moore-Ede, Pionier der Erforschung der inneren Uhr des Menschen und Professor an der Harvard Medical School, zieht eine ernüchternde Bilanz. Er beziffert die Kosten der 24-Stunden-Gesellschaft, Aufwendungen für gesundheitliche Leistungen eingeschlossen, allein in den USA auf 77 Milliarden Dollar jährlich. Ein Großteil dieser Summe könnte eingespart werden – würde der Wissenschaft mehr Mitsprache bei der Gestaltung der 24/7-Arbeitswelt

Innere Uhren

Jede einzelne Zelle hat ihr Steuerungssystem. Den Schalter bilden besondere Gene: Sie starten die Bildung bestimmter Eiweiße. Wird ein gewünschtes Maß an Konzentration erreicht, schalten diese Proteine die Genuhr aus. Andere Enzyme bauen daraufhin die Eiweiße innerhalb von Stunden wieder ab. Und der Zyklus beginnt von neuem.

eingeräumt. Nehmen wir als Beispiel den Kontrollraum eines Kraftwerks. Im Lauf der Modernisierung wurde den Ingenieuren die meisten Aufgaben genommen, ausgenommen das Beobachten der Monitore. Ablenkende Lektüre (außer Handbüchern), Plaudereien mit Kollegen oder Privatgespräche am Telefon sind untersagt. Nichts soll die Ingenieure von ihrer verantwortungsvollen Aufgabe ablenken. In der Nachtschicht sind die Lichter gedämpft, die Räume warm, die Stühle bequem ... Wen wundert es, wenn es zu einem Zwischenfall kommt? Die Lösung aus Sicht von Chronobiologen: die Desynchronisierung des menschlichen Tagesrhythmus. Das bedeutet: etwas weniger Komfort, ab und an ein kontrolliertes Nickerchen und die doppelte Menge Licht, verglichen mit tagsüber.

Ein Versuch zur Erforschung der inneren Uhren

Mit dem bahnbrechendsten Experiment zur biologischen Rhythmusforschung ist untrennbar der Name des deutschen Physiologen Dr. med. Jürgen Walther Ludwig Aschoff verbunden. Nach Studien über die Körpertemperatur und Untersuchungen, zusammen mit dem späteren Nobelpreisträger Konrad Lorenz, der Sonnenorientierung bei Vögeln, wurde er Direktor des Max-Planck-Instituts für Verhaltensphysiologie Erding-Andechs in Bayern.

Berühmt ist Andechs wegen seines Klosterbiers – aber wissenschaftlichen Ruhm errang der malerische Ort wegen seines Bunkers. Eine in den Berg getriebene Wehrmachtsanlage wurde 1960 mit Unterstützung durch die amerikanische Weltraumorganisation NASA modernisiert. Im Mittelpunkt des gemeinsamen Interesses stand der Einfluss so genannter Zeitgeber auf die Fähigkeit des menschlichen Organismus, sich ungewohnten Zeitzonen anzupassen.

In Andechs entstand eine einzigartige Isolationseinrichtung zur Erforschung der menschlichen Tagesrhythmen. Die Mauern einen Meter dick. Kein Zeithinweis aus der Außenwelt: keine Fenster, keine Uhr, kein Radio, kein Fernsehen, kein Telefon. Und keinerlei Schall. Wir schlafen, wir werden wach – woher kommt dieser Wechsel? Aschoff wollte es genau wissen: Was geschieht, wenn der menschliche Körper absolut keine Hinweise auf die Tageszeit erhält?

Die Versuchsanordnung

Ein Vorraum war mit zwei Spezialtüren versehen. Sie konnten nicht gleichzeitig geöffnet werden, nur einzeln. Dort wurden einerseits durch das Personal zu einem durch einen Zufallsgenerator ermittelten Zeitpunkt Nahrungsmittel und zwei Flaschen Bier, andererseits von der Versuchsperson eine tägliche Urinprobe abgestellt. Der Proband musste Protokolle und Bestelllisten schreiben und selbst entscheiden, wie lange sein persönlicher Tag dauerte, wie lange er auf war und wann er zu Bett ging. Sensoren in den Bodenplatten verrieten jede Bewegung. Eine Dauersonde mit einem langem Kabel registrierte die Körpertemperatur der Versuchsperson. »Big Brother« im Dienste der Wissenschaft – für nach heutiger Währung drei Euro pro Tag.

Der Versuchsablauf

Die Versuchsperson, meist eine Studentin oder ein Student, verbrachte Wochen unter strengen Bedingungen. Die 300-Lux-Deckenlampe wurde von außen ein- und ausgeschaltet. Sie brannte anfangs 16 Stunden lang und wurde für eine achtstündige Schlafphase ausgeschaltet. Nach und nach wurde die Lichtzeit auf bis zu 24 Stunden verlängert und dann wieder normalisiert.

Die »menschliche weiße Ratte«

In einem seltenen Gesprächsprotokoll wurde festgehalten, wie eine der Testpersonen drei Jahrzehnte später bei einem Treffen mit früheren Studienkollegen seine Zeit als »menschliche weiße Ratte« (Zitat) schilderte. Es war ein junger Amerikaner namens Tod Tolan, heute Anästhesist und Familienvater mit drei Kindern.

Frage: »Also, du warst sechs Monate in Deutschland und einen davon hast du in einem Bunker verbracht?«

Tod: »Nun, es klingt schlimmer als es war. Quartier und Verpflegung frei. Ich hatte eine Art Studio für mich. Ein Hauptraum, eine Küche, WC und Dusche.«

Frage: »Wurdest du mit Essen versorgt?«

Tod: »Nein, das wäre ja schon ein Zeitimpuls gewesen. Ich gab eine Einkaufsliste ab und kochte selbst.«

Frage: »Konntest du mit jemandem sprechen oder jemanden sehen?«

Tod: »Nein, 25 Tage lang sprach ich mit keinem. Ich erhielt Briefe, aber der Poststempel war herausgeschnitten worden. Ich fühlte mich nicht als Gefangener. Ich hätte jederzeit den Bunker frei verlassen können.«

Frage: »Hast du je daran gedacht?«

Tod: »Nach fünf, sechs Tagen wollte ich am liebsten ausbrechen.«

Frage: »Hattest du irgendeine Ahnung, wie spät es gerade war?«

Tod: »Überhaupt nicht. Die Neonröhren wurden über eine Zeit von einer halben Stunde auf- und abgedimmt, was den Effekt von Morgen- und Abenddämmerung erzeugte. Am neunten Tag brannte das Licht vier Stunden länger. Das simulierte eine Reise über vier Zeitzonen, wie ein Flug in Richtung Westen. Ein 28-Stunden-Tag.«

Frage: »Was alles wurde kontrolliert?«

Tod: »Nun, sie untersuchten meinen Urin auf Kortison und andere Substanzen, sie maßen kontinuierlich meine Körpertemperatur. Man wusste, dass sie im Lauf des Tages schwankt. Sie wurde mit einer Sonde gemessen, die durch ein langes Kabel mit einem Stecker in der Wand verbunden war.«

Frage: »Kontinuierlich? Hattest du ständig ein Thermometer im Mund?«

Tod: »Nicht im Mund ...«

Frage: »Heißt das, du hattest 25 Tage eine Sonde ...«

Ende des Protokolls.

Tod erzählte: Als er nach dem Versuch in den 1970er-Jahren den Bunker wieder verließ, war er still und scheu. Er hatte das Gegenteil erwartet: überschäumend, Gespräche suchend. Als ewige Erinnerung hat er einen Zweizeiler aufbewahrt, der ihm im Bunker eingefallen war: »I can think of better ways, to spend 25 days!« (Ich kann mir eine schönere Variante vorstellen, 25 Tage zu verbringen.)

Die Versuchsergebnisse

Die Suche nach der inneren Uhr mit Unterstützung solch Freiwilliger wie Tod war erfolgreich. In 25 Jahren lebten 447 Personen im Andechser Bunker, die meisten allein, einige in Gruppen.

▶ Die Auswertung aller Messungen lässt keinen Zweifel: Ein innerer Regelkreis – unabhängig von Licht und anderen Zeitgebern – verlängerte ihren Schlaf-wach-Zyklus auf 25,9 Stunden. Das war der Durchschnittswert. Für einige wenige war der Tag in Zeitisolation eine halbe Stunde kürzer als normal, für einzelne sogar über zwei Stunden länger als gewohnt. Die übliche Versuchszeit erstreckte sich über 31 Tage. Von den meisten wurden sie als nur 30 Bunkertage erlebt. Als man sie herausholte, wollten sie nicht glauben, dass die Zeit schon um war.

▶ Die Kontrollperson im eiskalten Registrierraum verfolgte die Aufzeichnung der Körpertemperatur der Testperson während des gesamten Bunkeraufenthalts. Solange die Kurve flach verlief, schlief der Proband tief. Sobald sie steil anstieg, nahte der künstliche Tagesanfang. Eine mysteriöse Organuhr lieferte den Impuls. Während der Schlaf-wach-Wechsel eine hohe Flexibilität bewies, zeigte das Auf und Ab der Körpertemperatur eine striktere Fixierung. Im optimalen Fall hatten beide Rhythmen die gleiche Periodenlänge. Wenn jedoch die Schlafphase im Verhältnis zur Temperaturkurve zu stark aus dem Ruder lief, kam es zur internen Desynchronisation. Eine Eintrübung der Stimmung und eine Verschlechterung der Befindlichkeit waren dann die Regel.

Die Zeitgeber

Die Forscher stellten sich rasch die Frage: In der Zeitlosigkeit tendieren wir zu einem 25-Stunden-Tag. Doch mühelos passen wir uns an den 24-Stunden-Rhythmus der Erdrotation an – warum? Es mussten ganz bestimmte Einflüsse wirken. Dr. Aschoff nannte sie »Zeitgeber«. Dieser Begriff wurde von der Wissenschaft der Chronobiologie ohne Übersetzung so übernommen und fehlt heute in keiner Arbeit über dieses Forschungssegment.

26-Stunden-Tag

Eigentlich benötigen unsere wichtigsten inneren Uhren für ihre Abfolgen fast 26 Stunden. Durch all die Zeitgeber hat sich jedoch eine Synchronisation des modernen Lebens mit den durch die Erdrotation bestimmten Perioden von Helligkeit und Dunkelheit ergeben. Diese Flexibilität ist vielseitig und wertvoll. Sie erlaubt uns, am Wochenende länger zu schlafen, manche Nacht durchzumachen oder im Flugzeug so schnell zu reisen, dass wir für das Durchqueren einer Zeitzone weniger als 60 Minuten benötigen. Allerdings hat all das seinen Preis – die Verstellung der inneren Uhr. Die Intelligenz unseres Organismus stellt sich zwar so optimal wie möglich darauf ein. Aber uns sollte es in jedem Fall zumindest bewusst sein, wenn unsere Taktgeber aus dem Takt kommen.

In weiteren Untersuchungen wurden einige der irdischen Zeitgeber identifiziert:

- Tageslicht in der Stärke von wenigstens 2500 Lux
- Feste Arbeitszeiten
- Regelmäßiges Freizeitverhalten, beispielsweise Fernsehen
- Soziale Kontakte
- Geregelte Mahlzeiten
- Einfache Signale – vom Gezwitscher der Vögel über Kirchenglocken bis zum Verkehrslärm

Das Problem mit dem Montag

Eine abgeschwächte Form von Zeitisolation erlebt jeder von uns, der sich am Wochenende erlaubt, vom alltäglichen Rhythmus abzuweichen. Befreit von Zwängen der Pünktlichkeit, gleitet der menschliche Organismus allmählich wieder in seinen natürlichen Rhythmus. Ist es ein 25-Stunden-Mensch, wird er vermutlich die üblichen Zeitgeber ignorieren und länger schlafen. Seine innere Uhr läuft mit jedem Tag eine Stunde später. Bereits am Montagmorgen ist seine biologische Zeit so sehr außer Takt, dass er jeden Alarm des Weckers als drei Stunden zu früh empfindet. Die Leistung ist entsprechend.

Selbst die Rechtsprechung hat schon reagiert

In einem bahnbrechenden Urteil hat das Oberlandesgericht Köln den Begriff »Montagsauto« in die Rechtsprechung eingeführt. Den Ärger, der damit verbunden ist, kann leider keine einzige Fahrzeugmarke ihren Kunden ersparen. Es ist ein Problem der ganzen Fahrzeugbranche und betrifft ohne Ausnahme die breite Palette von den Nobelmarken bis zu preiswerten Importwagen.

Mehrere Dutzende Male jährlich müssen deutsche Richter anerkennen, dass der Besitz eines Neuwagens nicht länger zumutbar ist, wenn das neuwertige Fahrzeug etwa siebenmal abgeschleppt wird und 37-mal in die Werkstatt muss: Scheinwerfer defekt, Wasser in der Heckablage, Knarren in der Karosserie und andere Ursachen, die alle den Schluss erlauben: Da war ein Monteur einfach nicht gut drauf …

Fokus Forschung: Montagssyndrom

Wenn am Samstag und Sonntag äußere Zeitgeber wie der Wecker außer Funktion sind, gewinnen unsere inneren Regulatoren an Bedeutung. Die meisten von uns tendieren zu einem 25,9-Stunden-Zyklus des Wachseins und des Schlafens. Am Montagmorgen sind wir fast vier volle Stunden vom eingeübten Tagesablauf abgewichen. Experten raten deshalb, den gewohnten Lebensrhythmus auch an den freien Tagen beizubehalten.

Perfektes Timing

Zeitgeber verhindern, dass wir das Richtige zum falschen Zeitpunkt tun

Nach seiner Berufung zum britischen Premierminister und obersten Kriegsherrn im Mai 1940 war Sir Winston Churchill Symbol des Durchhaltewillens seiner Nation. Er wurde die zentrale Figur der »Grande Alliance« Großbritanniens mit den USA und der UdSSR. Das hinderte ihn nicht daran, jeden Nachmittag zum frühest möglichen Zeitpunkt für eine Stunde zu Bett zu gehen. Nach diesem Nickerchen konnte der Zweite Weltkrieg mit entscheidenden Kabinettsitzungen weitergehen ...

Die Rhythmen des Organismus

Churchill gehorchte einem weithin unterdrückten Rhythmus: der Fähigkeit unseres Organismus, tagsüber in einen Schlaf zu sinken. Während unserer Wachphase gibt es dafür Zeitpunkte, die günstiger sind als andere. Unsere Tore zum Tagesschlaf öffnen sich, beginnend gegen 7 Uhr früh, bis etwa 14, 15 Uhr alle 90 bis 120 Minuten für eine sehr kurze Zeit. In der Mitte des Nachmittags beginnt ein außerordentlich großes Fenster – die »Siestazeit«.

Verankert sind derartige Impulse im Stammhirn. Dabei handelt es sich um einen sehr alten, einfachen Abschnitt unseres Gehirns, der sich vor etwa 500 Millionen Jahren entwickelte. Er ähnelt dem Gehirn eines Reptils.

Die zwei Hälften des Tages

Die Siesta ist keine Reaktion auf eine mittägliche Nahrungsaufnahme, sie ist sogar völlig unabhängig davon. Sie bietet tagsüber den leichtesten Übergang vom Wach- zum Schlafrhythmus, sollte unser Organismus davon Gebrauch machen wollen. Dieser Einschnitt gegen 15 Uhr teilt den Tag in zwei Hälften. Eine Ruhephase zur heißesten Zeit des Tages.

Forscher bezeichnen die aus den möglichen Schlafzeiten resultierenden Rhythmen als sehr demokratisch. Sie folgen keinem Zwang. Der Übergang kann durch Stimmungen, durch Motivation und andere Faktoren beeinflusst werden. Das ist sehr logisch. Der Schlafreiz funktioniert nur, wenn wir keinen wirklichen Grund haben, wach zu bleiben.

Unser periodischer Takt von 90 bis 120 Minuten Aktivität und nachfolgender Ruhe besitzt den Charakter eines Angebots und unterliegt einer endgültigen Kontrolle. Folgt der Organismus der überlieferten Prägung oder entzieht er sich ihr? Hier setzt das Regelwerk der inneren Uhr ein. Sie ist das Zentrum des Denkens, des Planens, des Abwägens und des Kontakts mit der Umwelt.

Alle Abläufe im Körper folgen einem bestimmten Fahrplan

Durch gezieltes Beobachten der Arbeit unserer Organe kam die Chronobiologie einer ganzen Reihe Zeitgeber auf die Spur. Viele Impulse ereignen sich im Abstand von etwa 90 Minuten. Der Magen zeigt einen Hungerreflex und zieht sich zusammen. Die Produktion des Gelbkörperhormons in den weiblichen Fortpflanzungsorganen folgt Schwankungen in diesem Rhythmus. Es verändert die Körpertemperatur um ca. 0,6 °C. Die Nieren arbeiten ebenfalls in einer Art Schichtbetrieb. Auch der Aufbau gewisser Eiweißverbindungen in den Zellen benötigt diesen Zeitraum.

Erstaunlich ist: Obwohl diese Abläufe eine ähnliche Periodik aufweisen, scheinen sie völlig unabhängig voneinander zu sein. Sie sind außer Takt. Nichts deutet darauf hin, dass eine komplexe Zentraluhr ihr Schrittmacher ist.

Nach und nach erkennen wir, welche immense Bedeutung die Natur dem Faktor Zeit eingeräumt hat. Innere Mechanismen entwickelten sich über Millionen Jahre. Auf ihren Strukturen vollführt

Kein exaktes Zeitgefühl

Die Natur lässt uns ziemlich freie Wahl, was das Erleben von Zeit betrifft. Unser Organismus besitzt kein System, das eine bestimmte Periode exakt erkennen und messen kann – etwa, wann exakt eine Minute, eine Stunde, ein Tag oder ein Jahr verstrichen sind. Je nach Gefühlslage liegen unsere Schätzungen zu kurz oder zu lang. Genau aus diesem Grund wurde die Uhr erfunden.

der Körper seine Operationen. Er folgt einem Fahrplan, im Einklang mit den täglichen, monatlichen und jahreszeitlichen Vorgaben der Außenwelt. Er verhindert, dass wir das Richtige zum falschen Zeitpunkt tun. Die biologische Uhr ist ein Werkzeug aus der Frühgeschichte der Natur. Auch primitivste Arten verfügten darüber, denn sie ist unerlässlich für das Überleben.

Den Tag verlängern?

Selbst ernsthafte Wissenschaftler lassen sich zu Aussagen wie dieser verleiten: Würden wir die Möglichkeiten der Chronobiologie besser ausschöpfen, käme der gewonnene Vorteil der Verlängerung eines Tages um zwölf Stunden gleich. Philosophisch hieße das: Aus einem Tag werden eineinhalb. Aus 24 Stunden werden 36.

Lebensnotwendige Zeit

Zeit ist bloß eine Ebene, keine Energie oder ein Stoff. In Verbindung mit unserer Außenwelt erhält sie jedoch eine lebensnotwendige Bedeutung. Alles um uns herum unterliegt der Veränderung. Der Beginn des Tages, der Einbruch der Nacht und der Wechsel der Jahreszeiten sind die wichtigsten Zeitgeber eines jeden Lebewesens. Der Lauf der Sonne, der Fluss der Gezeiten sind geregelt und

Fiktion Zeit

In der Vorstellung der griechischen Denker, allen voran Plato und Aristoteles, befand sich am äußeren Rand des Weltalls ein lenkendes Hauptprinzip. Himmel und Zeit waren eine Einheit. Erst das Mittelalter mit seinen Revolutionären Copernicus und Giordano Bruno zertrümmerte die überlieferte Philosophie einer göttlichen Hauptuhr. Galileo Galilei, geboren im selben Jahr wie William Shakespeare und gestorben im Geburtsjahr von Isaac Newton, erhob die Zeit in eine feste mathematische Größe. Bis Albert Einstein 1905 diese Idee einer unabhängigen Maßeinheit als Fiktion entlarvte.

vorhersehbar. Wissenschaftler sagen: Unsere Umwelt ist periodisch. Zeitstrukturen wirken gleichermaßen als eingebaute Beschränkungen wie als Werkzeuge unserer Freiheit. Die wichtigsten Reize prägten eine Tages- und eine Nachtbiologie, eine Sommer- und eine Winterbiologie. Nur wer die zeitlichen Reize ebenso meistert wie die räumlichen, erhöht die Chance des Überlebens.

Keine Kreatur kann sich diesem Reizmuster entziehen. Die Kraft der natürlichen Auslese sorgte dafür, dass jede Art ihre eigenen inneren Uhren entwickelte. Diese Regulatoren schufen den Einklang mit der Natur. Denn sowohl, wie die Welt sich verändert, als auch, wann sie es tut, ist von existenzieller Bedeutung. Schicksalshaft, denn biologische Zeit ist nicht umkehrbar. Sie ist ein Einwegerlebnis. Wie auch ein Tag immer vom Morgen zum Abend abläuft.

Natürliches Timing

Für die meisten Tiere sind Fehler nicht reparierbar. Die Gegenwart lässt sich nicht wiederholen. Timing wurde so natürlich wie Atmen, ganz unbewusst, ganz automatisch. Die gleichen Gesetze sind auch dem Menschen auferlegt. Innere Taktgeber regeln die Leistung der Organe und beeinflussen Spielarten unseres Verhaltens. Es gibt günstige Zeitpunkte, den Stoffwechsel anzupassen – wir sollten sie nutzen. Der Körper registriert die Eigenschaften des Augenblicks und präpariert sich für die nahe Veränderung – ein Regulationsmechanismus, der im Voraus agiert.

Zwei Hauptregulationssysteme

Vor wenigen Jahrzehnten noch glaubten Wissenschaftler an eine Hauptuhr im menschlichen Körper, ganz im Sinne Platos. Erste Ergebnisse der neuen Wissenschaft Chronobiologie erzwangen 1970 eine Korrektur. Mindestens zwei privilegierte Regulationssysteme steuern unseren Organismus: Eines orientiert sich streng an ausgewählten Impulsen der Tages- und der Jahreszeit. Das andere schwächt den augenblicklichen Einfluss unserer Umwelt ab. Hunderte weitere Regulationssysteme, einige von stärkerer Kraft als andere, spielen eine Rolle im großen Orchester unseres Organismus. Für manche finden wir keinen Widerpart in der Außenwelt. Sie sind ein Ergebnis der inneren Logik. Unzählige wird man noch entdecken. Vernunft, Erinnerung, Gefühl und Erfahrung treten bei allen Entscheidungen als Elemente neben die Zeit.

Biologische Zeit ist unpräzise

Während unser Gehirn mühelos den Takt eines Musikstücks trifft, kann es nicht eine Sekunde, eine Minute oder eine Stunde präzise erahnen. Unser Gedächtnis speichert Fakten, Namen, Symbole, Erinnerungen – aber wir merken uns nicht den Tag dieser Wissensaufnahme. Zeit im biologischen Sinne ist keine präzise Einheit, abzulesen an einer Armbanduhr, sie ist ein Bestandteil des Wandels, der Anpassung, des Ausgleichs.

Die vererbten Biorhythmen

Aber es gibt keinen Zweifel: Jedes System unseres Organismus folgt einem eigenen Rhythmus. Seine Merkmale werden durch Erbanlagen von Generation zu Generation übertragen und in unserer DNS gespeichert. Man kennt erst zehn dieser Gene, weitere werden sicherlich in den nächsten Jahren entdeckt werden. Sie tragen Bezeichnungen wie »timeless« (zeitlos), »clock« (Uhr), »double-time« (Doppelzeit) oder »period« (Periode). Es sind Erbfaktoren, besser gesagt: Basissequenzen, die in unseren Chromosomen codiert sind. Ihre Aufgabe ist die Regulation.

Bisher wurden solche Gene in unseren wichtigsten Organen erforscht und gefunden. Beispielsweise als Taktgeber für das menschliche Herz. Bei einer Transplantation von einem Körper in einen anderen wird das Herz von seiner ursprünglichen Zentraluhr getrennt. Dennoch nimmt es unter gewissen Bedingungen in einem neuen Umfeld völlig unproblematisch die gewohnten Funktionen wieder auf. Die Nieren, die Leber vollführen das gleiche Wunder. Daraus weiß man: Jedes Organ wird von einer flexiblen, selbstständigen Steuerungsanlage geleitet.

Entwicklung ist Wandel

Jeder Zeitgeber bedeutet sowohl positiven Impuls als auch Einschränkung. Das ist das Erbe der Evolution. Einige Funktionen waren zu wichtig, um sie dem Zufall zu überlassen, beispielsweise die Fortpflanzung. Wenn das Überleben davon abhängen konnte, dass die nachfolgende Generation geboren wurde, wenn das Klima mild und Futter reichlich waren, dann war das Zeitfenster dafür sehr eng. Doch das Wesentliche der Entwicklung ist der Wandel. Im Lauf der Zeit konnte sich eine erfolgreiche Strategie als hinderlich erweisen. Neue Strukturen bildeten sich daraufhin heraus. Erfahrungen wurden immer wieder den neuen Bedingungen angepasst. Aus diesen Adaptionen können jedoch auch Spannungen entstehen. Denken wir nur an den immer noch wachen Drang zum Nachmittagsschlaf.

Fass- und unfassbare Biorhythmen

Was wir als innere Uhr betrachten, ist ein unendlich vielfältiger Regelkreislauf. Er verfügt über Hunderte, vermutlich Tausende, vielleicht Zehntausende Impulsgeber. Wer sie entschlüsseln möchte, sieht sich einer Aufgabe gegenüber vergleichbar mit dem Versuch, Signale außerirdischer Intelligenzen zu orten.

Manche Rhythmen scheinen leicht zu erfassen: Dazu zählen der Blutdruck, der Hormongehalt des Blutes, die Zahl der weißen Blutkörperchen oder die Körpertemperatur. Aber jede Messung ergibt nur eine Momentaufnahme. Die Realität ist ein Auf und Ab, aber kein Wechsel ist Zufall. Jeder Körpertakt ist ein Mix von Wiederkehr und Gegenwart.

Zyklen wiederholen sich, aber nicht präzise, sondern nur ungefähr. Manche Werte ändern sich selbst über große Zeiträume kaum, etwa das Cholesterin. Andere werden durch unerkennbare Effekte verschleiert. Zeichnet man den Verlauf der Messwerte als Schwingungen in eine Kurve, ergeben die meisten ein völlig irreguläres, wirres Bild.

Neun Biorhythmen

Zu Beginn der chronobiologischen Studien wurde vermutet: Der offensichtliche Rhythmus, der Schlaf-wach-Zyklus, ist die Basis aller organischen Vorgänge im menschlichen Körper. Die Erfor-

Die lateinischen Namen der Biorhythmen

- Ultradian: weniger als 20, meist 6 oder 12 Stunden; wörtlich: »häufiger als 1-mal pro Tag«; Beispiel: Hunger
- Circadian, dian: innerhalb der Spanne von 20 bis 28 Stunden; wichtigstes Beispiel: der Schlaf – etwa alle 24 Stunden
- Infradian: mehr als 28 Stunden, »weniger als 1-mal pro Tag«
- Circasemiseptan: wörtlich: »etwa 3,5 Tage«; Beispiel: Fieberkurve bei Brustkrebs
- Circaseptan: 7 Tage (auch 4 bis 10 Tage); spielt beispielsweise in der Reaktion auf Krankheitserreger eine Rolle
- Circadiseptan: 14 Tage (bei einigen Beispielen 11 bis 17 Tage)
- Circavigintan: 18 bis 24 Tage; Beispiel: Testosteronspiegel
- Circatrigintan: 1 Monat (25 bis 35 Tage); bekanntestes Beispiel: der weibliche Menstruationszyklus
- Circannual: 1 Jahr (10 bis 14 Monate); Beispiel: die Wiederkehr der 4 Jahreszeiten

schung der Hirnströme mittels EEG brachte jedoch vier unterschiedliche Schwingungen zutage – die langsamste ein bis drei pro Sekunde, die schnellste mit 13-mal Auf und Ab im selben Zeitraum. Später zeigte der Einsatz von High-Speed-Computern: Die meisten Körperfunktionen werden ebenfalls von messbaren elektromagnetischen Frequenzen begleitet. Die meisten Zyklen erstrecken sich über rund 24 Stunden. Aber nicht alle. Die Chronobiologie arbeitet heute mit neun unterschiedlichen Rhythmen (siehe dazu die Erläuterungen im Kasten oben; circadianer und dianer Rhythmus bezeichnen dabei in etwa die gleiche Zeitspanne).

Alle diese Zyklen gemeinsam spiegeln das Regulationssystem des Körpers wieder. Sie beeinflussen sich gegenseitig. Wird ein Rhythmus verändert, findet er mit Hilfe der übrigen wieder in seinen ursprünglichen Takt zurück. Wir können das am besten bei einer Reise durch unterschiedliche Zeitzonen beobachten.

Der Sitz unserer »Zentraluhr«

Die Intelligenz unseres Organismus ist in ihrer Dimension kaum vorstellbar. Tagein, tagaus funktionieren unsere Organe automatisch und unbewusst. Sensibel reagieren sie auf die geringsten Einflüsse. Wissenschaftler staunen, wie sehr unsere Systeme einen Zustand der Stabilität anstreben. Der Körper wird immense Energiemengen aufwenden, um eine bestimmte Temperatur zu halten. Er wird wertvolle, aber überschüssige Substanzen verschwenderisch ausscheiden, um die festgelegte Zusammensetzung des Blutes zu bewahren. Der Spielraum, den er sich gestattet, ist sehr eng. Die Körperwärme sinkt minimal bei Nacht und steigt unmerklich bei Tag, unabhängig von der Außentemperatur. Verlust von Wasser, der nicht ausgeglichen wird, bedroht unser Leben. Die Zuckerkonzentration bewegt sich in engstem Rahmen. Das Herz hört auf zu schlagen, sobald das Blut mehr Kalium als normal transportiert. Eine Erhöhung der Magnesiumverbindungen blockiert die Funktion von Nervenzellen so sehr, dass Magnesiumsalze als Betäubungsmittel eingesetzt werden können.

Das Elixier aller chemischen Vorgänge des Lebens ist Flüssigkeit. In der Urgeschichte verinnerlichten die frühen Kreaturen ihren Wasserhaushalt, als sie die Ozeane, Seen und Flüsse verlie-

Körperstörung Jetlag

Der Jetlag ist eine Art Körperstörung. Als Reaktion auf den Aufenthalt in einer neuen Zeitzone finden die einzelnen Rhythmen nach und nach wieder ihre passende Schwingung, einige rascher, einige langsamer. Es ist eine Form von Rückkopplung, von Widerhall, von Mitschwingung. Der Kreislauf strebt den ursprünglichen Gleichheitszustand an. Extrovertierte Menschen, die generell offener sind, kommen mit einer ungewohnten Zeitzone besser klar.

ßen. Nur so konnten sie an Land existieren. Ihre Zellen lebten in einem flüssigen Nährboden, der Matrix. Heute noch enthält die Körperflüssigkeit vieler Lebewesen Bestandteile von Salz. Die Reinsubstanz der menschlichen Zelle besteht zum größten Teil aus Wasser. Heben wir von den zahllosen Auswirkungen die wichtigsten hervor:

- Wasser verändert seine Temperatur nur allmählich.
- Wasser verbindet die verschiedensten Körperzellen und erlaubt ihnen gleichzeitig, speziell zu sein.
- Wasser versorgt mit Nahrung und befreit von Abfällen. Nervenzellen erkennen Abweichungen vom Idealzustand. Hormone fungieren als Botschafter zwischen den Organen, die Leistung zu drosseln oder zu erhöhen.

Eines ist sicher: All dem liegt eine faszinierende Logik zugrunde. Das bedeutet jedoch nicht, dass Zeitstrukturen leicht zu begreifen sind. Ihre Schwingungen überlagern sich in den Darstellungen, die möglich sind. Viele Rhythmen werden nach und nach einzig mit Berechnungen modernster Computersysteme entdeckt. Obwohl man die Existenz der Rhythmen kennt, versteht man ihre Bedeutung nicht. Doch aus diesen Entdeckungen entsteht eine neue Landkarte des menschlichen Wesens.

Die Zentraluhr – der »Dirigent« des Organismus

Äußere Rhythmen beeinflussen unser Leben. Doch die wichtigsten Taktgeber sind in uns selbst. Sie steuern sämtliche existenziellen Funktionen: Wachsein, Schlafen, Stoffwechsel und die Arbeit der Organe. Zwar besitzt jede Zelle ein selbstständiges Regelwerk. Und jede lebt ihren eigenen Rhythmus. Doch sie müssen koordiniert werden. Wie ein riesiges Orchester, das von einem oder von mehreren Dirigenten geleitet wird. Deshalb gefiel jedem Chronobiologen die Vorstellung einer Zentraluhr. Ihr Sitz war lange Zeit ein Mysterium, bis 1972 zwei Wissenschaftler unabhängig voneinander den – wie sie dachten – genialen Schrittmacher des menschlichen Organismus entdeckten.

Ein Hauptquartier der Regelzentren

Sie fanden diesen Schrittmacher im Hypothalamus, in der Mitte des Gehirns, in gerader Linie oberhalb des Mundbogens. Sein griechischer Name bedeutet »unter der Kammer«. Dieses zentralnervöse Gewebe füllt nur ein Prozent des gesamten Gehirnvolumens. Doch es ist ohne Zweifel eines unserer Hauptquartiere und enthält die mit Abstand wichtigsten Regelzentren. Körperwärme, Blutdruck, Pulsschlag, Wach- und Schlafrhythmus, Atmung, Hunger und Durst, Sexualität – alles wird von diesem etwa 13 Gramm schweren Zellgebilde gesteuert.

An seiner Front befinden sich etwa 16 000 besonders ausgebildete Nervenzellen. Sie formen zwei unscheinbar winzige eiförmige Büschelchen, direkt an einer strategisch bevorzugten Position – zwei Gehirnzentren von der Größe eines Reiskorns unmittelbar auf dem Kreuzungspunkt von zwei unserer sensibelsten Nervenbahnen, den Sehnerven. Die Netzhaut, das wichtigste Organ unseres Sehvermögens, ist auf kürzestem Weg mit dem Gehirn verbunden. Eine Nervenleitung führt vom rechten Auge zur linken Hälfte des Gehirns, eine andere kreuzweise vom linken Auge zur rechten Hälfte. Unmittelbar auf ihrem Kreuzungspunkt liegen die beiden Büschelchen.

Dieser Lage verdanken sie ihren Namen: Suprachiasmatischer Nucleus (SCN). Er enthält die lateinschen Worte »supra« (»darüber«) und »nucleus« (»Kern«) sowie das griechische Wort »Chi«

Die Antenne für Veränderungen
Der Suprachiasmatische Nucleus (SCN) gilt als Mautstelle von Signalen der Außenwelt hinein in unsere Regelsystemen. Seine Nervenbüschelchen nehmen Nachrichten auf und leiten sie an unsere inneren Uhren weiter. Sie informieren den Körper bereits im Voraus über äußere Bedingungen.

(»Kreuzung«). Mit dem SCN empfängt das Gehirn über eine weitere Sehbahn für Hell-Dunkel-Verhältnisse Impulse spezieller Sensorzellen des menschlichen Auges. Auf Licht reagieren sie wesentlich träger und langsamer als die Rezeptoren von Schwarzweiß- und Farbbildern auf unserer Netzhaut. Man darf vermuten, dass sie nicht allein die Gegenwart sehen, sondern auch die Zukunft: Sie scheinen Veränderungen vorwegzunehmen – wenn die Nacht dem Tag weicht, wenn eine Jahreszeit sich dem Ende nähert. Was diese Nerven sonst noch erfahren, bleibt rätselhaft. Ebbe und Flut? Impulse der Gestirne?

Melatonin als Regulatorhormon

Mit großer Wahrscheinlichkeit erzeugt der Suprachiasmatische Nucleus sogar eine Art von einheitlicher Körperzeit. Die Nervenleitung von den Augen setzt sich über den SCN hinweg fort bis zu einem weiteren Aktionszentrum des Gehirns, der Zirbeldrüse. Sie ist die Produktionsstätte eines unserer Urhormone, des Melatonins. Es ist das körpereigene Signal für Dunkelheit. Beim Menschen regelt es den Schlaf-wach-Wechsel. In der Tierwelt ist Melatonin die Regelsubstanz der besten Perioden von Paarung und Fortpflanzung und Pflanzen regeln ihre Blüte- und Reifezeit mit diesem Hormon, das bereits in Einzellern schicksalhaft reguliert und kontrolliert.

Gibt es noch einen zweiten Hauptschrittmacher?

Ganz ist die moderne Forschung mit der weit verbreiteten Vorstellung einer einzigartig wichtigen Zentraluhr nicht zufrieden. Der menschliche Organismus verkörpert Vielfalt. Dies wird auch für die entscheidenden Regelsysteme unterstellt. Deshalb wird die Suche nach einer weiteren »Master Clock«, einer Mega-Uhr, nicht aufgegeben. Die Forschung konzentriert sich auf zwei Schrittmacher, vorerst »X« und »Y« genannt. Y ist der SCN. Seine wichtigste Energie ist der Tag-Nacht-Wechsel unserer Umwelt. X ist vermutlich unabhängig davon. Im Normalfall arbeiten beide Schrittmacher synchron. Über ihre unterschiedliche Funktion gibt ein einzigartiges Experiment Auskunft.

Am 14. Februar 1972 seilte sich der französische Geologe Michel Siffre 30 Meter tief in die Mitternachtshöhle bei Del Rio (Texas) ab. Es war das Jahr der Entdeckung des SCN im Gehirn von Ratten. Siffre blieb bis zum 5. September in der Höhle. Er war reichlich mit Astronautennahrung ausgestattet. Siffre schlief in einem Nylonzelt. An seinem Körper waren mehrere Elektroden befestigt. Er rasierte sich täglich. Die Bartstoppeln bewahrte er auf – sie gaben später Auskunft über Hormonveränderungen seines Blutes.

Nach 77 Tagen zeigten die Aufzeichnungen: Sein Körper hatte in der Dunkelheit der Höhle tatsächlich nur ganze 63-mal den Schlaf-wach-Wechsel erlebt. Bereits der 24. Tag erstreckte sich biologisch über 26 Stunden. Einzelne »Tage« verdoppelten sich sogar auf bis zu 50 Stunden – eindeutig ein Ergebnis der fehlenden Außenweltimpulse für die Zentraluhr Y. Eine Reihe anderer Rhythmen blieb davon unbeeindruckt. Verglich man sie mit Siffres üblichen Daten, war ihr Kurvenverlauf im Dunklen wie sonst auch, nahezu unverändert: z. B. Körpertemperatur, Cholesteringehalt des Blutes, Ausschüttung von Kalium. Daraus schloss man: Es musste eine Zentraluhr X geben und sie funktionierte ungestört weiter. Ihre Kraft könnte sogar viermal stärker als die von Y sein.

Am 79. Tag seines wissenschaftlichen Experiments schrie der Geologe ins Telefon: »Ich kann nicht mehr – ich höre auf!« Das Experiment wurde jedoch fortgesetzt. Am 80. Tag dachte er an Selbstmord – es sollte wie ein Unfall aussehen, damit seine Frau die Versicherungssumme kassieren konnte. Am Ende blieb Siffre 204 Tage in der Höhle. Lange nachdem er sein normales Leben wieder aufgenommen hatte, litt er immer noch unter Gedächtnisstörungen, er schielte und hatte mit Schuldgefühlen und Selbstvorwürfen zu kämpfen – der hohe Preis vielleicht dafür, dass er seinen Körper über eine zu lange Zeit synchronisiert hatte.

Die Existenz der Zeituhr Y war zuerst im Tierversuch bewiesen worden. Nach der Entfernung des Hypothalamus gingen Ratten die wesentlichen Regulationsmechanismen verloren. Die Position der Schaltzentrale X ist eines der großen Rätsel der Wissenschaft.

»Tod in der Dunkelheit«

Nur langsam lassen sich Geist und Körper ihre Geheimnisse entlocken. Helligkeit und Dunkelheit bestimmen unser Leben. Blinde Menschen können solche Impulse im Unterbewusstsein wahrnehmen. Manche Phänomene sind derart verblüffend, dass man sie kaum für möglich hält. Ein Beispiel:

In einer Klinik in Edmonton (Kanada) ging der Psychiater Prof. Dr. Peter Hays der Frage nach: Welche Faktoren entscheiden nach der Behandlung eines Herzinfarkts darüber, ob der Patient überlebt? Als Anhänger der Lichttherapie gegen Depression schenkte er einer architektonischen Besonderheit besondere Aufmerksamkeit: Vier Betten der Intensivstation für Überlebende nach einem Herzinfarkt standen in nordwärts gerichteten Räumen. Vier andere an der Südseite, die von 2300 Sonnenstunden im Jahr hell durchflutet wurde. Die eingelieferten Männer und Frauen, meist zwischen 60 und 68 Jahre alt, wurden zufällig auf die gerade freien Behandlungseinheiten verteilt. Hays wertete über einen Zeitraum von vier Jahren die Krankenhausakten aus. Interessant waren jene Patienten, die nach ihrer Einlieferung wenigstens noch 24 Stunden überlebt hatten. Es ging ja um den Effekt von Helligkeit auf Heilung.

Mehr als der Hälfte von 568 Patienten wurde ein Platz auf der Sonnenseite zugeteilt. Die Verweildauer bis zur Entlassung war dort im Durchschnitt einen Tag kürzer – deshalb wurde hier öfter ein Bett frei. 21 dieser Patienten konnten nicht gerettet werden.

Noch schlechter allerdings erging es ihren Schicksalsgenossen auf der Schattenseite, die nie ein Sonnenstrahl traf. Dort waren 39 Todesfälle zu beklagen. Diejenigen, die nach Hause entlassen werden konnten, brauchten im Durchschnitt länger zur Überwindung der akuten Lebensgefahr. Diese Betten wurden nicht so zügig frei und demnach nicht so häufig belegt. Unter einer geringeren Patientenzahl waren jedoch mehr Todesopfer zu beklagen: 39 – beinahe doppelt so viel wie auf der anderen Seite der Etage. Professor Hays gab seiner Studie im Juli 1998 den Titel »Dying In The Dark« (»Tod in der Dunkelheit«).

Fokus Forschung: Fleisch oder Pasta?

Die inneren Uhren unserer Verdauungsorgane sind von geringerer Bedeutung als die Taktgeber des Gehirns. Deshalb können sie durch einfache Maßnahmen vorübergehend ausgetrickst werden, wie Harvard-Professor Martin Moore-Ede entdeckte. Fernfahrer ziehen daraus ihren Nutzen, indem sie gegen ihre Müdigkeit um 3 Uhr morgens Fleischberge vertilgen. Nudelgerichte würden sie hingegen noch schläfriger werden lassen.

Wem die Stunde schlägt

Regelmäßige Pausen erhöhen Produktivität und Leistung

Betrachten Sie Ihren Videorekorder oder Ihren DVD-Player als ein geniales Gerät? Sehen Sie genauer hin: Sie besitzen eine »Pause«-Taste. Unterbrechungen sind in den meisten Sportarten vorgesehen: die Halbzeit im Fußball, der Seitenwechsel im Tennis. Jeder Fabrikarbeiter kennt die gesetzlich garantierte Auszeit. Nur die Kreativen denken sich nichts dabei, von früh bis Abend durchzupowern, oft ohne Mittagessen.

Arbeit und Leben in Balance

Durchzuarbeiten ist nicht besonders intelligent. Die Notwendigkeit periodischer Erholungsphasen des menschlichen Organismus ist wissenschaftlich bewiesen. Es macht Sinn, sich eines vor Augen zu führen: Was wir Schlaf nennen, ist eine Abfolge unterschiedlicher Zustände. Genauso wenig uniform ist unsere Wachphase.

Der gesunde Körper entwickelt über einen Tag verteilt sieben, acht oder neun Phasen des Anregens, der Anspannung und des Nachlassens. Zwischen Beginn und Ausklang jeder Periode liegen etwa eineinhalb bis zwei Stunden. Das wiederholt sich kontinuierlich. Die erste Phase startet mit dem Erwachen und Aufstehen am

Lichtmangel

Wir verbringen die meiste Zeit abgeschirmt von den natürlichen Lichtverhältnissen. Selbst die hellsten Lampen können dieses Defizit nicht ausgleichen. Die Helligkeit eines wolkenbedeckten Himmels strahlt immer noch mit wenigstens 8000 Lux. Ein Sonnentag durchpulst uns mit der zwölffachen Strahlungsenergie: 100 000 Lux. Normale Innenraumbeleuchtung reicht von 50 bis zu mageren 500 Lux. Dennoch kann künstliches Licht zur falschen Zeit uns unerwartet stark beeinflussen und stören, etwa während den Schlafphasen.

Morgen. Die letzte beschließt den aktiven Teil des Tages vor der Nachtruhe. Das allein ist noch nicht verblüffend. Man weiß jedoch inzwischen: In der einen Phase dominiert die eine Gehirnhälfte, in der nachfolgenden wechselt die Vorherrschaft zur anderen. Damit wird sichergestellt, dass sowohl logisches Denken und seine verwandten Funktionen wie die Verständigung, als auch die emotionale Intelligenz bis hin zu Tagträumen ausgeglichen an der Steuerung des Organismus beteiligt sind.

Wissenschaftler wie der US-amerikanische Stressforscher Dr. Ernest Rossi sind überzeugt: Die Natur des menschlichen Organismus fordert förmlich 20 Minuten Regeneration – und der nächste Aufschwung wäre kein Problem.

Aber jeder von uns kennt eigentlich überwiegend Zeitgenossen, die ihre Tage ganz anders gestalten. Sie winken ausweglos ab: »Wie kann ich alle zwei Stunden eine Pause einlegen, wenn ich mit Arbeit zugeschüttet werde?« Es ist eine Ironie, dass periodische Erholungsphasen die Produktivität steigern und die Gesamtleistung erhöhen.

Allerdings haben wir unsere biologischen Systeme längst so perfektioniert und unseren Vorstellungen angepasst, dass körperliche Bedürfnisse weitgehend maskiert werden. Und sollten wir sie doch wahrnehmen, dann werden sie negiert.

Heilung durch Erholung

Jeder Power-Zyklus folgt dem gleichen Muster. Unser Energiefluss steigert sich bis zur Höchstleistung, hält sie für 10, 20 Minuten und fällt unweigerlich wieder ab. Im Anschluss tendieren unsere Organe zu einem Zustand der Erholung. Man könnte auch sagen: überfällige Heilung. Denn am Schlusspunkt dieser Kurve sind bei näherer Untersuchung Ausfallserscheinungen nicht zu leugnen: Müdigkeit, Konzentrationsverlust, Unentschlossenheit.

Auf die Signale des Körpers achten

Der erste Schritt in Richtung Arbeit-Leben-Balance erfordert ein besseres Verständnis der Signale Ihres Körpers. Er meint es nämlich gut mit sich – und damit mit Ihnen:

Da ist plötzlich das Bedürfnis, sich zu strecken und zu dehnen. Seufzen, Gähnen. Sie finden nicht mehr so schnell die richtigen Worte. Die nächste Verschärfung missdeuten die meisten als Entwarnung. Der Körper rettet die Situation mit einen Schuss Adrenalin und Endorphine. Diese Hormone bringen den »zweiten Wind«. Sie sind Teil unserer natürlichen Antwort auf Stress. Problematisch wird es allerdings, wenn dies regelmäßig und über lange Perioden geschieht. Wir glauben uns gestärkt. Doch unsere Batterie ist leer. Gedächtnis und Wahrnehmung, Gefühlsreaktion und Spannkraft lassen nach. Fehlverhalten, Unbeholfenheit, Vergesslichkeit sind die Folgen.

Vorsicht vor dem Überpowern

Für den Organismus ist das Aufrechterhalten der entscheidendsten Funktionen von existenzieller Bedeutung. Diesem Ziel wird alles untergeordnet. Auch das, was wir Wohlbefinden und Gesundheit nennen. Jetzt schlägt die Stunde unseres Treibstoffs Marke Super: Das sind kraftvolle, jedoch schädigende Antistresschemikalien. Auch die Zwischenbilanz dieser Strategie ist klinisch dokumentiert: Körperliche und geistige Erschöpfung sind der Hauptgrund von 90 Prozent aller Arztbesuche. Jeder dritte Betroffene leidet an erhöhtem Blutdruck, obwohl jedes einzelne Organ an sich gesund ist. Herzleiden, Schlaganfall, Depression, Einbruch im Abwehrsystem und Angstzustände sind vorgezeichnet – suchen Sie es sich aus.

Der Sinn der periodischen Erholungspausen

Die lateinischen Wörter für »erhöht« und »Tag« spiegeln sich im Namen wieder, den die Chronobiologie dem Zyklus gibt, der innerhalb von 24 Stunden mehrmals wiederkehrt: »ultradianer Rhythmus« (siehe Kasten Seite 72). Er scheint eine immens wichtige Funktion zu haben: Dafür zu sorgen, dass die beiden bedeutendsten Bereiche unseres Gehirns abwechselnd besonders in die Pflicht genommen werden – die linke und die rechte Hemisphäre, auch Gehirnhälften genannt.

Damit sind wir bei den biologischen Erholungsphasen. Der ultradiane Rhythmus scheint darüber zu entscheiden, welches Zentrum die Oberhand besitzt. Das linke ist spezialisiert auf geradliniges, logisches Denken und Verständigung. Das rechte ist gefordert, wenn wir kreativ sind, entspannen oder tagträumen. Jede dieser Spitzenleistungen steht uns im Lauf eines Tages also sieben- bis achtmal zur Verfügung.

Man könnte das so beschreiben: Abwechselnd bringt das Gehirn zwei Gruppen unterschiedlicher Fähigkeiten in die erste Reihe, etwa Logik und Intuition, wie wir sie bei Inspektor Colombo bewundern. Kriminalistischer Spürsinn ergänzt sich in seinen Fäl-

Das Auf und Ab des Gehirns

Aufgaben wie Sprachsteuerung, Geschmacksinn, Tastsinn, Gedächtnis, Motorik, Sehvermögen, aber auch Träumen, Entspannen und emotionale Intelligenz sind in mehreren Zentren des Gehirns gerecht verteilt. Über diese Fähigkeiten verfügt der Körper jederzeit, wenn sie biologisch Sinn machen. Aber nicht alle diese Interessen, Begabungen und Wahrnehmungen stehen uns rund um die Uhr in höchster Intensität zur Verfügung. Da findet ein wiederkehrendes Auf und Ab statt.

len durch emotionales Einfühlungsvermögen: Nicht allein auf welch raffinierte Weise, sondern vor allem warum könnte der erfolgsverwöhnte Manager seine bildhübsche bessere Hälfte ins Jenseits befördert haben?

Auch Talente sind nicht immer gleich stark abrufbar

Nehmen wir in der Regel wahr, für welche Superhandlung sich das Gehirn gerade rüstet? Ist uns das bewusst? Ziehen wir daraus Nutzen? Der Alltag vermittelt uns ein anscheinend anderes Bild. Jeder von uns verfügt über besondere, ganz individuelle Fähigkeiten – und zwar jeder über weit, weit mehr, als alle übrigen von ihm vermuten. Das erklärt auch, warum wir eigene Ideen für 100-mal besser halten als die besten der anderen. Nur wir können beurteilen, wie optimal unsere Gehirnhälften funktionieren.

Da ist beispielsweise der unscheinbare Bürokollege. Niemand wird je erfahren, mit welch anspruchsvoller Leidenschaft er ein herausragendes Hobby pflegt: Er sammelt Gesteinsproben der Alpen. Oder die Kellnerin mit dem Aquarium. Was könnte sie alles über das Wesen von Fischen erzählen, würde sie nur je gefragt werden! Wir kennen Personen, die eine Straße betreten, in der sie nie zuvor gewesen waren. Innerhalb einer Zehntelsekunde werden sie sehen: Vorne links in 700 Meter Entfernung befindet sich eine Apotheke. Andere surfen durchs Internet und wissen nach wenigen Minuten: Zwei Flüge von Hamburg an den Tegernsee sind über Salzburg günstiger als via München. Unter zusätzlicher Berücksichtigung der Kosten eines Leihwagens ist Letzteres jedoch günstiger. Ein Wochenende später ist es allerdings umgekehrt.

Das sind besondere Talente, die offensichtlich in jedem Augenblick abzurufen sind – aber auch für sie gilt: Wer außergewöhnliche Begabungen aufweist, verfügt immer über sie. Eine wissenschaftliche Messung ihrer Intensität würde jedoch nicht eine gerade Linie ergeben, sondern eine Kurve: ein stetiger Wechsel zwischen Anstieg und Abfall.

Wenn Ruhepasen ignoriert werden

Waren Sie während einer Autofahrt schon einmal so sehr in Gedanken versunken, dass Sie sich bei der Ankunft an Ihrem Ziel kaum noch an Einzelheiten der Fahrt erinnern konnten? Besonders auf täglichen Routinestrecken kommt es zu derartigen Phänomenen. Haben Sie häufig das Gefühl, dass die Zeit fliegt? Können Sie beim Musikhören Ihre Umgebung vergessen oder sich im Badezimmer verlieren?

Forscher nennen dies hypnotische Dissoziation, eine Art von Trennung. Sie vermuten: Diese Verzerrungen bestimmter Zeitintervalle deuten auf die Vernachlässigung der natürlichen Ruhephasen hin. Wir nehmen zwar diese Botschaften wahr, reagieren aber nicht angemessen. Wir schnappen uns eine Tasse Kaffee, stecken eine Zigarette an, wechseln von einem Arbeitsmuster in ein komplett anderes – wir nutzen die Pause für eine neue Aktivität. Dabei wollte Ihr Körper sich soeben für die nächsten 90 Minuten pro-

Geöffnete Schlaffenster

Die Forschung hat nachgewiesen: Diese Ruhephasen besitzen sogar die Qualität von Schlaffenstern. Würden wir es zulassen, könnten wir alle 90 bis 120 Minuten mühelos ein Nickerchen machen. Das sollten wir uns vor Augen führen: Das erste ist bereits für eineinhalb Stunden nach dem Aufstehen programmiert! Der wichtigste Einschnitt liegt ziemlich genau in der Mitte der jeweiligen Tageslichtphase, am frühen Nachmittag. Unabhängig davon, ob wir gerade gegessen haben oder nicht, ist jetzt der Ruhedrang am intensivsten.

grammieren. Er spielt natürlich mit und lässt das mit sich machen. Das sollte aber nicht darüber hinwegtäuschen, dass für unser Gehirn die versagte Auszeit von großer Bedeutung gewesen wäre.

Nun, auch während wir durcharbeiten, nimmt das Gehirn sich, so gut es geht, eine Auszeit. Wissenschaftler sind überzeugt: Viele Fälle von mangelhafter Leistung oder enttäuschender Kreativität sind die Folge von Stress. Diese Belastung nimmt zu, weil wir die natürlichen Rhythmen nicht beachten. Wenn wir an unserem Arbeitsplatz nicht den frischesten Eindruck machen, wird das nicht sofort zu tragischen Auswirkungen führen. Am Steuer unseres Wagens schon eher …

Die »Wechsel«-Atmung – ein ultradianer Rhythmus

Wissenschaftler haben etwas Verblüffendes herausgefunden: Unsere Nase verrät einiges über den Takt des Gehirns. Jedes Mal, sobald der Zeitpunkt der vorgesehenen Ruhephase gekommen ist, weitet sich die linke Nasenhöhle. In den folgenden Minuten wird durch sie der Großteil unserer Atemluft ins Freie geführt. Das ändert sich mit dem Wechsel in die folgende Aktivitätsphase des ultradianen Rhythmus. Nun übernimmt die andere Nasenhöhle den Hauptanteil der Atemversorgung.

Man konnte dies nachweisen, indem die ausströmende Luftmenge von einem Flüssigkristall-Thermografen bestimmt wurde. Bei jungen Testpersonen zeichnete sich in jedem vierten Fall ein klassisches Nasenzyklusmuster ab. Je älter die Probanden waren, umso weniger deutlich war das Ergebnis – ein schwach ausgeprägter Reflex geht im Lauf der Jahrzehnte mehr und mehr verloren.

Nervenverbindungen zeigen: Jede Nasenhöhle wird von der gegenüberliegenden Gehirnhälfte dominiert – die rechte von der linken und umgekehrt. Die Leitungen führen ebenso über den

Suprachiasmatischen Nucleus (SCN; siehe Seite 75 ff.) im Hypothalamus wie die Verbindung der speziellen Sehzellen für die morgendliche und abendliche Dämmerung.

Den nasalen Atemrhythmus bewusst unterstützen

Es lohnt sich also, seinem speziellen Atemverhalten Beachtung zu schenken. So erkennen wir den Zyklus der Ruhephasen. Mehr noch: Wir können unseren ultradianen Rhythmus aktiv unterstützen, indem wir den Atmungszyklus verändern. Drücken Sie einfach ein Nasenloch zu. Oder legen Sie sich mit dem Gesicht auf die eine Seite, um den Kanal der anderen zu öffnen. (Die Wechselatmung ist übrigens ein wichtig bewusster Bestandteil des Hatha-Yoga, einer bestimmten Variante der Yoga-Lehre.)

Wissenschaftler nennen den reflexartigen Wechsel der Nasenatmung den Linker-Körper-rechtes-Gehirn / rechter-Körper-linkes Gehirn-Wechsel. Möglicherweise ist dieser Reflex nach einer kosmetischen Nasenoperation gestört oder eingeschränkt. Das wäre ein nennenswerter Nachteil.

Die Psychologin Darlene Osowiec entdeckte 1992 Zusammenhänge zwischen der Regelmäßigkeit des nasalen Rhythmus und

Warum wir uns selbst nicht riechen

Zur Schonung können unsere Sinne sogar leiser treten. Wir riechen eher jemand anderen als uns selbst. Von uns erzeugte Geräusche empfinden wir als nicht so störend. Ein weiteres Beispiel liefert das Auge: Es ist verblüffend, was wir alles übersehen können, so lange wir es nicht brauchen. Häufig aber übertreiben unsere Sinneswahrnehmungen. Der Schriftsteller Marcel Proust beispielsweise war extrem geräuschempfindlich. Er ließ die Wände seines Arbeitszimmers mit Kork auskleiden.

bestimmten erstrebenswerten Eigenschaften. Zu diesen zählte Sie beispielsweise Selbstverwirklichung, Angstfreiheit und auffallend wenig Hinweise auf Stress.

Bei Personen des genauen Gegensatzes – ängstlich, gehemmt und ausgepowert – stieß sie auf größere Unregelmäßigkeit des Wechselrhythmus der Nasenatmung. Das erinnert ein wenig an alte Überlieferungen, in denen Krankheit und Verwirrtheit jenen Personen angedichtet wurden, die auffallend lange durch die eine oder andere Nasenhälfte atmeten. Und auch Darlene Osowiec betont: Es ist relativ einfach, die beiden Atemsysteme abwechselnd zu aktiveren.

Leben im Einklang mit der Natur

Die Stärke und die Häufigkeit unserer inneren, unbewussten Rhythmen sind auf der einen Seite das Erbe der Evolution, andererseits aber auch ein Ergebnis unserer Lebenswelt, unseres Verhaltens und unserer sozialen Gepflogenheiten. Manches ist auf der Strecke geblieben. Unsere Vorfahren waren Jäger. Sie jagten nicht, wenn sie Hunger plagte. Sie aßen, wenn sie Nahrung erbeutet hatten. Dazwischen ließen die Zeitgeber sie bis zu zwölf Stunden in Ruhe, in denen keine Gier, kein Appetit sie zum Essen oder Trinken drängte.

Je stärker wir im Einklang mit der Natur leben, umso leichter wird der Körper seinen Takt finden und stärken. Wissenschaftliche Beobachtungen zeigten: Frühes Aufstehen, eine natürliche Balance von Aktivität und Nahrung, abwechselnde Reize durch Kälte und Wärme, Aufenthalt in natürlichem Licht, aber auch Phasen völliger Dunkelheit bilden das Auf und Ab unserer Energieströme wieder stärker heraus.

Blitzurlaub fürs Gehirn

Viele Dinge bringen Sie aus dem Rhythmus – nicht nur Reisen in eine andere Zeitzone. Nehmen Sie einen »Schnappschuss-Urlaub«:

- Entspannungsübung
- Tagtraum
- Meditation
- 5-Minuten-Power-Nickerchen
- Spaziergang
- Musikpause
- im Bad verschwinden
- Comics lesen
- Kreuzworträtsel lösen

Sie werden es genießen, sich wieder synchron zu fühlen. Ganz im Sinne des Komponisten George Gershwin: »I got rhythm« – ich hab' Rhythmus. Wer wollte mehr verlangen als das?

Wie ist das zu erklären? Die materialistische Weltsicht betrachtet das Universum als ein mechanisches System, das sich selbst erschaffen hat. Unser Geist, unsere Seele, unser Gewissen sind dementsprechend nur Ergebnisse materieller Vorgänge. Die moderne Psychologie unterstellt die Existenz eines höheren kosmischen Wesens oder Gottes – und erhebt das Bewusstsein zum wichtigsten Inhalt unseres Daseins. Da wir das offensichtlich höchstentwickelte Wesen sind, ist unser Schicksal mit Mutter Erde besonders eng verbunden.

Dem entspricht die neue Physik. Raum besitzt nicht drei Dimensionen, Zeit vergeht nicht einheitlich, Raum und Zeit sind nicht getrennte Welten. Gemeinsam bilden sie ein vierdimensionales Wesen – und wir sind mittendrin. Das Universum wird als unendliches System vibrierender Bestandteile erlebt. Energien aus Zeit und Raum versorgen unsere winzigsten Bauteile mit elektromagnetischer Strahlung – ganz automatisch, ohne unser Bewusstsein, ohne unser Zutun. Im Molekularbereich entstehen die Stoffe, aus denen unsere Realitäten und Träume sind: Gehirnbotenstoffe steuern das Chaos unserer Gefühle. Wir leben im Extremfall zwischen dem »Nimm's leicht« des Serotonins und der durch Aufputschhormone verursachten Euphorie. Während die erst genannte Substanz Schmerzen unterdrücken kann, versetzen uns die anderen in Verzückung.

Schwingungen der Aktivitäts- und Ruhephasen lassen sich nach und nach in allen (Sinnes-)Organen nachweisen. Jedes lebt sein eigenes Tempo:

- Das Gehör funktioniert 20-mal schneller als der Sehsinn. Wird bei einem Hörtest eine Taktfolge nach und nach gesteigert, erkennen wir die Zunahme bis zu einer Folge von 100 Tönen während einer einzigen Sekunde. Darüber hinaus hören wir nur noch einen Dauerton.
- Wird unser Auge innerhalb einer Sekunde einmal, dreimal, fünfmal angeblitzt, kann es gerade noch jede einzelne Periode der Helligkeit erkennen. Erfolgen die Blitze rascher – sechs oder mehr pro Sekunde – so sehen wir nur noch einen Lichtschein ohne Unterbrechung. Die Grenze der Leistungsfähigkeit ist erreicht.

Kein Wunder, dass unser Gehirn gelegentliche Erholung von seinen anstrengenden Aufgaben erbittet. Wir sollten darauf reagieren!

Fokus Forschung: Schule und Sommerschlaf

Die schlechtesten Schüler sind die mit Schlafstörungen, meint John Herman, Direktor des Kid's Medical Sleep Disorders Center der University of Texas, Dallas. Dabei bereitet der Übergang von den Sommerferien zum Schulbeginn die größten Probleme. Der Wissenschaftler empfiehlt: Den Schlafraum in Richtung Sonnenaufgang verlegen und größere Pausen bereits nach 90 Minuten einlegen.

Ein Unterschied wie Tag und Nacht

Spannende 24 Stunden im Leben unseres Körpers

Vom Winde verweht wurden die Träume der Scarlett O'Hara während des amerikanischen Sezessionskrieges. Ihre Schöpferin, die Schriftstellerin Margaret Mitchell, kannte die heilsame Kraft genau, die der Schlaf mit sich bringt – sogar in turbulenten Zeiten wie damals in Atlanta. »Was soll's?«, lässt sie Scarlett denken. »Schließlich, morgen ist ein anderer Tag.«

Häufig halten sich Therapiegruppen an eine von dem amerikanischen Bestseller-Autor Dale Carnegie in seinem Buch »Sorge dich nicht, lebe« vorgegebene Empfehlung: Gliedere dein Leben in Einheiten von Tag und Nacht. Alle Anforderungen sind tragbar, für kurze Zeit. Kein Mensch kann auf seinen Schultern das ganze Leben meistern. Aber jeder kann seine Last schultern, wie schwer sie auch ist, bis die Nacht hereinbricht.

Der Schlaf – mehr als nur eine Ruhephase

Der Schlaf ist mehr als nur eine Zeit des Ruhes. Er programmiert uns für die anschließende Phase der Helligkeit. Während des Schlafes durchleben wir vier Abschnitte.

- Eine sehr kurze Passage (Phase 1) hinein in das Vergessen bildet den Anfang und am Ende noch einmal die Aufwachphase.
- Es folgen Phase 2, 3 und 4, in denen unser Schlaf immer tiefer wird: leichter Schlaf, mitteltiefer Schlaf und Tiefschlaf.
- Auf dem Höhepunkt verraten wilde Träume eine intensive Tätigkeit des Nervensystems. Gleichzeitig erschlaffen sämtliche Muskeln völlig. Arme und Beine würden wir sonst nicht eine Sekunde ruhig halten. Der Körper hält inne. Es kommt allein zu unkontrollierten, schnellen Bewegungen der Augen. Man gibt diesem Phänomen den Namen: »Rapid Eye Movement« (REM). In diesen Minuten werden besondere Gehirnsubstanzen freigesetzt – ähn-

lich Hormonen, mit denen wir auf Stress reagieren. Das Gehirn erholt sich und bleibt doch wachsam. (Auch Wachstumshormone werden in stärkerem Ausmaß nachts gebildet. Zellgewebe kann sich erneuern.)

Die Abfolge des Schlafrhythmus bleibt gleich: Einmal die Periode 1 und danach die Stufen 2–3–4–3–2–REM–2–3–4–3–2–REM–2–3–4–3–2–REM usw. im 90-Minuten-Zyklus durch die ganze Nacht. Die einzelnen Perioden umspannen zusammengenommen grob vier Stunden und mehr (Phase 2), eine halbe Stunde (Phase 3), fast drei Stunden (Phase 4). Die REM-Phasen dauern jeweils etwa zehn Minuten, hierbei träumen wir am intensivsten.

Die Nacht zum Tage machen

Erstaunlich ist aber angesichts der Bedeutung des Schlafes, welch große Freiheit uns erlaubt, diese Ruhephase innerhalb der 24-Stunden-Frequenz fast beliebig anzusiedeln, wann immer wir möchten. Wir sind zwar Lichtgeschöpfe, aber dennoch arbeiten viele Kreative nachts. Dunkelheit nutzen wir zur Regeneration. Diese Phase des circadianen Rhythmus besitzt ihr eigenes Hormon: Melatonin.

Die Biouhr der Haut

Gegen 18 Uhr beginnt die Hauterneurung. Lose Mini-Schuppen werden abgestoßen. Beste Zeit für ein mildes Peeling. Bei einem Dampfbad entschlackt die Haut leichter, Poren öffnen sich – Pflegestoffe dringen leichter ein. Eine Gesichtsmaske ist jetzt besonders wirkungsvoll. Bis Mitternacht reagiert die Haut jetzt stark auf Umweltgifte und Allergene. Auf Zusatzstoffe in Produkten möglichst verzichten! Bis 4 Uhr früh ist die Bestzeit für Hautreparatur. Die typgerechte Nachtcreme unterstützt diese Regeneration (mit Vitamin A, Sauerstoff u. a.).

Unser Gehirn steuert von 23 Uhr bis 7 Uhr früh die Melatoninproduktion auf ein Höchstmaß, tagsüber wird sie unterdrückt. Die Zellen von Tumoren wachsen in der aktiven Tageshälfte doppelt so rasch wie in der Ruhephase. Denn das Schlafhormon Melatonin bremst den Stoffwechsel der meisten Körperbereiche. Wir alle kennen die Redensart »Schlaf' dich gesund.«

Ein Mangel an Melatonin ist eine Hauptursache für Schlafstörungen. Aber seit der Entdeckung des Feuers vor einer halben Million Jahre eroberten wir die Nacht. Thomas Alva Edison erfand die Elektrizität vor allem mit dem Ziel, den nächtlichen Rückfall des Menschen in die Höhlenphase auszumerzen und Schlaf unnötig zu machen.

Die Unterschiede zwischen Tag und Nacht

Stehen Sie mit den Hühnern auf? Sind Sie eine Lerche, kurz: ein Morgenmensch? Oder eine Nachteule, denn Sie laufen erst nach Einbruch der Dunkelheit zur Höchstform auf? Die folgende Beobachtung gibt unbestechlich Antwort. Taxieren Sie jede Stunde Ihre Munterkeit. Geben Sie ihr Noten von 1 bis 10: die niedrigste, falls Sie die Augen kaum offen halten können; die höchste, falls Ihr Geist nur so sprüht. Parallel messen Sie alle vier Stunden Ihre Temperatur. Auch daraus bilden Sie eine Kurve: Den niedrigsten Wert tragen Sie bei 1 ein, den höchsten bei 10.

▶ Morgenmenschen erkennet man daran, dass ihre Körpertemperatur vor 20 Uhr abfällt wie Blei – ein deutliches Signal, dass ihre Tagesenergien zu Ende gehen. Mit größter Zuverlässigkeit werden sich die Top-Werte ihrer Wachsamkeit und ihrer Fieberkurve am frühen Nachmittag an einem Punkt treffen. Das ist nun einmal so. Morgenmenschen gelten biologisch als ziemlich unflexibel.

▸ Der Organismus von Nachtmenschen ist anpassungsfähiger. Sie kümmert weniger, was das Herz und der übrige Körper begehrt. Der Unterschied macht gerade zwei Stunden aus.

Impulsivität als Kennzeichen

Auch die Impulsivität bietet Hinweise auf die Tag-Nacht-Ausrichtung. Sie kennen sicherlich Menschen, die sich von Risiken weniger abschrecken lassen, die nicht lange überlegen, die öfter Gas geben. Man nennt ihr Verhalten extrovertiert, nach außen gerichtet. Wenig überraschend, wenn sie ihre Top-Form zu einem Zeitpunkt erreichen, an dem andere schon schwächeln. Morgenmenschen sind in der Regel weniger impulsiv.

Koffeinwirkung als Kennzeichen

Auch das Aufputschen durch Koffein macht einen Unterschied, was die Tageszeit betrifft. Morgenmenschen sind bereits hellwach. Ein Frühstückskaffee könnte von ihrem Organismus als unnötige Belastung empfunden werden. Umgekehrt: Koffein am Abend verkörpert für die Nachteule vermutlich nicht Stress, sondern Energieschub. Ist jemand impulsiv, mag er durch die Tasse Kaffee in der Früh schneller in Schwung kommen. Abends ist das Doping durch Koffein für die normal reagierende Nachteule womöglich zu viel des Guten.

Erst vor weniger als 40 Jahren haben die Zellforscher und Pharmakologen L. E. Scheving und J. E. Pauly bei Versuchen mit Ratten und Mäusen fundamentale Kenntnisse darüber erfahren. Eine bestimmte Dosis von so genannten Weckaminen gegen Müdigkeit kann um Mitternacht für 77 Prozent der Nachttiere tödlich sein. Das ist der Höhepunkt ihrer Wachphase. Um 6 Uhr früh erwiesen sich die Nager äußerst widerstandsfähig. Die gleiche Menge tötete nur je eines von sechs Tieren.

Tragödie zur Geisterstunde

Es ist noch nicht lange her, da galt ein Nachtmensch wie Graf Dracula als düster und unergründlich. Die Horrorgestalt eines Frankenstein wurde bei Kerzenlicht erdichtet. Die klassische griechische Tragödie erreicht ihren Höhepunkt zur Geisterstunde. Die meisten kriegerischen Handlungen wurden wegen des Elements der Überraschung nachts begonnen. Die Entscheidung über das Kriegsglück fiel hingegen in der Regel am Vormittag.

Ihre Versuche unternahmen Scheving und Pauly im Zwei-Stunden-Abstand mit Barbituraten (Schlafmitteln), Amphetaminen (Aufputschmitteln) und Nikotin. Die gleiche Injektion Schlafmittel stellte eine Ratte 50 oder 90 Minuten still, je nach Uhrzeit. Sie erwiesen sich als besonders verletzlich durch Antidepressiva zu einem Zeitpunkt, der beim Menschen dem frühen Morgen entspricht. Das ist genau die Stunde, in der so mancher Patient frühzeitig erwacht und gedankenlos nach seinen Pillen greift. Scheving und Pauly stellten die Frage, ob unbeabsichtigte Selbsttötungen durch Barbiturate auf diese Weise zu erklären seien. 1967 und 1968 waren ihre Berichte Auslöser unzähliger Fragen in vielen Fachzeitschriften. Warum häufen sich epileptische Anfälle zu bestimmten Tageszeiten? Warum können wir Schmerzen unter bestimmten Bedingungen unterdrücken? Warum prügeln wir uns weiter, obwohl längst ein Knochen gebrochen ist. Warum kämpfen Soldaten mit Wunden, die normalerweise zum Schock führen?

Mit Affen wurden Untersuchungen der Schmerzbelastungen in Szene gesetzt. Einen bevorstehenden elektrischen Schlag konnten sie durch Knopfdruck abwehren. Es zeigte sich: Zu gewissen Stunden konnten sie mehr wegstecken.

Kranke benötigen in der Regel nachts und am frühen Morgen die meisten Schmerzmittel, die intensivste Zuwendung.

Kompass Gehirn

Im Douglas Hospital von Montreal (Kanada) erlebte der Psychiater Dr. Heinz Lehmann immer wieder Ausbrüche von Gewalt und Feindseligkeit bei seinen Patienten. Er begann, über alle möglichen Faktoren Buch zu führen. Hingen die Gewaltausbrüche vielleicht mit dem Schichtdienst des Personals zusammen? Den wichtigsten Hinweis dabei lieferte dem Nervenarzt das U.S. Space Disturbance Center im Bundesstaat Colorado. Es fand eine auffallende Übereinstimmung zwischen den Krisenzeiten in der Nervenklinik und der Eruption so genannter Sonnenflecken. Sie erzeugen Magnetfelder, 10000-mal stärker als das der Erde. Dr. Lehmann äußerte die Vermutung: Da unser Gehirn mindestens so empfindlich ist wie ein Kompass, können wir möglicherweise kosmische Turbulenzen registrieren. Und dies könnte dann bei bestimmten Personen auch zu Turbulenzen der Stimmungslage führen.

Es gibt heute keinen Zweifel mehr: Unsere Nervenzellen besitzen eine erstaunlich unterschiedliche Erregbarkeit. Sie wird durch den jeweiligen Zeitpunkt im Zyklus von Aktivität und Schlaf bestimmt. Das Timing könnte im Extremfall den Ausschlag geben zwischen Überleben und Sterben.

Auswirkungen auf die Behandlung von Krankheiten

Unser hoch spezialisiertes Gesundheitssystem befasst sich mehr und mehr mit den Daten der Patienten als mit den einzelnen Menschen selbst. Befunde, nicht Gespräche entscheiden den Weg, den die Ärztin oder der Arzt einschlägt. Es ist unter solchen Voraussetzungen nicht leicht, den Organismus optimal zu begleiten. Möglicherweise ist ein Patient, egal, ob er sich zu Hause oder im Krankenhaus befindet, auch gar nicht im Einklang mit dem üblichen Tag-Nacht-Rhythmus.

Der Psychiater Dr. Heinz Lehmann rätselte, warum eine übliche Dosis Beruhigungsmittel bei einzelnen Patienten nicht die ganze Nacht wirkte. Er experimentierte daher mit verschiedenen Mengen der Medikamente, gab Teildosen am späten Nachmittag, am Abend und kurz vor dem Einschlafen. Mit dieser maßgeschneiderten Medikation klappte es dann besser.

Solchen Erkenntnissen wird weiterhin zu wenig Beachtung geschenkt. Denken wir an chirurgische Eingriffe. OP-Einheiten werden belegt wie nach einem Ankunft-Abflug-Schema eines Flughafens. Der Arbeitstag des Chirurgen beginnt vor 6 Uhr früh. Ist das gerade die beste Zeit seines ersten Patienten?

Große Aktivitäten im Schlaf

Entlang der Rhythmen von Aktivität und Schlaf ist ein Netz vitaler Funktionen gewoben. Dabei geht unser Organismus mit großer Intelligenz vor. Viele Zellen erneuern sich besonders rasch: in der Haut, im Mund, in der Zunge, in den Ohren, in den Augen und auch im Haar. Diese Vorgänge sind am intensivsten, während der übrige Organismus ruht – zwischen Mitternacht und 4 Uhr früh.

Jedes biologische Geschehen hinterlässt Spuren – im Blut, im Urin, im Haushalt der Hormone, in der Verwertung der Nahrung. Gesundheit und Wohlbefinden sind genau genommen die Balance dieser Organisation: der Einklang von Geist und Körper.

Wir zählen zu schnell, wenn das Herz rasch schlägt
Die Biologin Dr. Gwen Stephens unterzog sich einem Selbsttest. Über 24 Stunden verteilt, versuchte sie täglich siebenmal, ein Intervall von zwei Minuten exakt zu schätzen indem sie bis 120 zählte. Parallel prüfte sie Blutdruck und Puls. Das hielt sie 36 Tage durch. Jedes Mal, wenn ihr Herzschlag besonders hoch war, zählte sie viel zu rasch.

Der Wechsel von hell und dunkel

Viele Studenten reduzieren ihre Synchronisation mit der Gesellschaft. Sie lernen später und schlafen länger. Am Ende haben sie ihren 24-Stunden-Rhythmus auf den Kopf gestellt. Dennoch gefällt es ihnen, an den Wochenenden die Nächte durchzumachen. Jeder von uns lebt mit dem Erbe genetischer Eigenschaften. Jeder Organismus entwickelt seine eigene Zeitstruktur. Von äußeren Einwirkungen befreit, leben wir einen 25-Stunden-Tag. Nur ein einziges Mal im Jahr ist er Realität: bei der Umstellung von Sommer- auf die Winterzeit.

Doch generell fungiert Licht als der große Taktgeber für alle. Die Heilige Schrift beschreibt das Erstaunen der Jünger Jesu darüber, dass ihr Herr und Meister sich stets eine Stunde vor dem Aufgang der Sonne ins Freie begab, auch zur Winterzeit. Die Jünger wussten nichts von den speziellen Sensorzellen der Netzhaut für die Hell-dunkel-Wahrnehmung. Und sie wunderten sich: Da Jesus doch ohnedies alles bekannt war, wie konnte er dann an einem kleinen Flecken dieser Erde noch irgendein Wohlgefallen haben? Doch sie lernten schließlich, dass »auch in des Menschen Seele der geistige Morgen ähnlich dem der Erde frühzeitig erwachen soll.«

Der tägliche Jetlag

Da die Tageslänge mit den Jahreszeiten wechselt, weicht die erste Helligkeit von jenem Moment ab, den die inneren Uhren erwarten. Wir leben den alltäglichen Jetlag. Unser Organismus korrigiert kontinuierlich seine Abweichung von den tatsächlichen Lichtverhältnissen – und er tut es lange im Voraus, vor dem ersten Lichtstreifen am Horizont. Auch die Pflanzen besitzen die Fähigkeit, die Morgen- und Abenddämmerung zu erkennen. Eine Reihe von

Sonnenstrahlung ist einzigartig
Physikalisch bewertet, gilt das Licht der Sonne als Parallelstrahlung. Ihre Quelle ist so unendlich weit entfernt, dass ein Effekt der Streuung nicht mehr feststellbar ist. Erst ein Prisma zerlegt es in unterschiedliche Farben, jede mit eigener Frequenz und Wellenlänge. Lampen hingegen verbreiten Kugel- oder Streulicht. So hell sie auch strahlen, wir können sie nicht als natürlich empfinden. Künstlich erzeugte Helligkeit kann Zyklen zwar negativ beeinflussen – z. B. stört schon ein schwacher Schein die Produktion des Schlafhormons Melatonin. Positiveffekte sind jedoch mit herkömmlichem Licht nicht zu erzielen. Britische Physiker haben durch Prismen und andere Lichtbrecher sehr aufwendig Parallelstrahlung für ein Telefoncenter-Großraumbüro kreiert. Dieses Licht schuf Wohlbefinden. Sogar die Krankheitsquote sank.

Fotorezeptoren reagieren besonders auf bestimmte sichtbare und nicht sichtbare Spektralstrahlen – auf rotes und blaues Licht, aber auch auf die Wellenlänge des Ultraviolett oberhalb von Blau und jener von Infrarotwärme unterhalb des Rot.

Tageszeitabhängige Selbstmordraten

Die Schwankungen der Intensität unseres Nervensystems lassen sich vermeintlich an unverrückbaren Tatsachen erkennen wie z. B. an der Häufung von Selbsttötungen zu bestimmten Uhrzeiten. Jeder Psychologe wird vor übereilten Schlussfolgerungen warnen. Zwar registrieren Kliniken wie das Fatebenefratelli Hospital in Mailand, das in der Sebstmordforschung engagiert ist, eine Spitze zwischen 17 und 19 Uhr. Doch was sagt das aus? Sind das Augenblicke besonderer Verzweiflung? Eher nicht. Um seinem Leben ein Ende zu setzen, bedarf es sehr großer Willenskraft, sehr starker Umsetzungsenergien. Internisten vermuten als Auslöser einen Kick durch das Hormon Serotonin – in der zweiten Hälfte des Nachmittags nicht unüblich. Deshalb schauen ernsthafte Forscher schon genauer hin.

Alkohol am Abend besser verträglich

Einer Reihe von Ratten wurde eine bestimmte Dosis Wodka eingeflößt, die bei einem Menschen von 75 Kilogramm Körpergewicht dem Quantum von 1,7 Litern entspricht. Der Zeitpunkt der Morgendämmerung leitet für die nachtaktiven Nager die wichtigste Phase der Ruhe ein. Werden sie jetzt mit Alkohol belastet, kann die Mehrheit diese Riesenmenge gerade noch verkraften. Nur jedes achte Tier verendet. Anders, wenn ihr Kreislauf dieser Belastung bei Sonnenuntergang ausgesetzt wird. Das kommt dem Tagesanfang des Menschen gleich. Während alle Systeme auf »Grün« schalteten, entfaltete der Alkohol bei 60 Prozent der Versuchstiere eine tödliche Wirkung!

Unser Sozialverhalten im Umgang mit Promille und Prozent berücksichtigt wenigstens die natürlichen Frequenzen des Nervensystems. Am Abend genossen federt der menschliche Körper diese Gifte besser ab.

Alkohol wirkt morgens am stärksten

Unsere Nerven geben ihre Geheimnisse eher preis, wenn wir sie gezielt chemisch reizen. Beruhigungsmittel, Weckamine, Schlaftabletten und Substanzen aus der Arbeitswelt der Narkoseärzte führen zu weit präziseren Erkenntnissen. Und: Alkohol! Ratten, deren circadiane Reaktionen denen des Menschen ähneln, erweisen sich als wertvolle Versuchskandidaten. Beobachtungen lassen erahnen, warum Alkoholiker schon am frühen Morgen an der Flasche hängen. Er wirkt rascher und intensiver.

Psychologische Faktoren als Taktgeber für den Organismus

Narkoseärzte berichten von veränderten Reaktionen ihrer Patienten während stundenlanger Operationen. Doch genau genommen wissen wir über diese Bereiche noch zu wenig.

Im Gegensatz dazu stehen die psychologischen Faktoren einiger Krebserkrankungen bereits seit fünf Jahrzenten im Mittelpunkt von Untersuchungen. Können Ereignisse wie Scheidung und Tod unsere Abwehrkräfte entscheidend schwächen? Oder Gifte, beispielsweise Nikotin? Die Chronobiologie kann erste wissenschaftlich abgesicherte Hinweise auf solche Zusammenhänge geben. Auch Emotionen sind Taktgeber für unsere Organe. Sie wirken nicht anders als Licht oder Dunkelheit, Hunger oder Durst, Lust oder Angst.

Ein Bogen, der von einem seelisch empfundenen Verlust zu Wachstumsschüben des Krebsgewebes führen könnte, entspricht den Kurvenbewegungen aus dem Bereich der Neurohormone. Wachstumshormone, Sexualhormone, Antriebshormone – ihre Produktion unterliegt Schwankungen. Mal stellt der Organismus mehr zur Verfügung, mal weniger. Adrenalin, Cortisol, Noradrenalin und Histamine haben eine besonders stark ausgeprägte Tagesrhythmik. Sogar Phantomschmerzen verlaufen in Schüben.

Beobachtungen an Tieren mit Krebs und an menschlichen Krebspatienten zeigen: Gefühle können ebenfalls auf diesen Stoffwechsel Einfluss nehmen. Emotionen entstehen unabhängig vom Faktor Zeit. Aber sie wirken erst durch den Einsatz von bestimmten Botenstoffen des Gehirns. Sie entscheiden über den Stoffwechsel oder die Widerstandskraft innerhalb der Zellen. Ihre Intensität schwankt im Lauf des 24-Stunden-Zyklus. Krebsforscher sprechen bereits von circadianer Unterbrechung und Störung des Wachstums von Tumoren.

24 Stunden im Organismus – eine Übersicht

Sie würden am liebsten nachmittags joggen? Erotische Tagträume erlauben Sie sich gegen 7 Uhr früh? Kein Wunder. Sie hören auf Ihre inneren Uhren. Erleben Sie einmal mit wachen Augen Ihren Tag ... In der folgenden Übersicht wird der Übergang vom Schlafen zum Wachsein mit 7 Uhr früh angenommen. Er kann von Individuum zu Individuum variieren. Im gleichen Abstand verschieben sich die übrigen biologischen Vorgänge.

7 Uhr: Die Produktion des Schlafhormons Melatonin ebbt ab. Ihr Blut wird jetzt besonders stark von Sexualhormonen durchmischt. Hohe Schmerzempfindlichkeit (seit 3 Uhr früh).

8 Uhr: Das Verdauungssystem wird aktiv – ausreichend frühstücken! Nahrung vom Vormittag wird nicht so leicht in Fettzellen gespeichert. Hohe Schmerzempfindlichkeit. Der Kältereiz zur Überprüfung eines Zahnes ist jetzt besonders wirksam. Die geistige Leistungsfähigkeit ist bereits seit 90 Minuten hellwach – jetzt kommt der erste Tiefpunkt. Größtes Tagesrisiko für Herzinfarkt und Schlaganfall.

9 Uhr: Die Reaktionsfähigkeit von Gehirnbotenstoffen ist hoch. Beste Zeit für Impfungen. Kreativität und Denkvermögen steigen wieder steil an. Weiterhin hohe Schmerzempfindlichkeit. Nadelstiche des Akupunkteurs schmerzen deutlich. Weiterhin kritische Phase für das Herz.

10 Uhr: Beginn einer Phase extrem hoher geistiger Fähigkeiten; vor allem des Kurzzeitgedächtnisses. Weiterhin hohe Schmerzempfindlichkeit.

11 Uhr: Das Gehirn übernimmt vollständig das Kommando über den Körper. Weiterhin hohe Schmerzempfindlichkeit.

12 Uhr: Der Magen ist bereit für Höchstleistungen. Rasch erreichen Sie einen geistigen Tiefpunkt.

13 Uhr: Das Herz-Kreislauf-System und der Stoffwechsel der meisten Organe laufen auf Sparflamme.

14 Uhr: günstige Zeit für Fitnesstraining. Die Leistungskraft von Leber und Gallenblase sind nicht zu bremsen. Die Körpertemperatur liegt bis zu 2 °C über dem Aufwachwert. Muskeln sind jetzt wärmer und beweglicher. Das schützt sie stärker vor Verletzungen.

15 Uhr: Bestzeit für den Zahnarzttermin. Geringste Schmerzempfindlichkeit des Tages. Höchste Atemfrequenz. Die Vorgänge der Verdauung sind abgeschlossen – geringste Durchblutung des Magen-Darm-Trakts. Dem Gehirn stehen maximale Mengen an Sauerstoff zur Verfügung. Schnellste Reaktionszeit. Weiterhin günstig für Fitnesstraining. Vorsicht: Schweißdrüsen entwickeln ihre stärkste Sekretion.

16 Uhr: zweiter geistiger Tageshöhepunkt. Die Erinnerung an schicksalsbestimmende Zusammenhänge ist enorm. Eintritt in die philosophische Phase des 24-Stunden-Rhythmus. Die Kurven für Körpertemperatur, Blutdruck und Herzfrequenz steigen merklich. Weiterhin günstig für Fitnesstraining. Die Magenschleimhaut Gesunder beginnt mit einer neuen Phase der Freisetzung von Magensäure. Ein Magendurchbruch tritt jetzt fünfmal häufiger auf als am Morgen.

17 Uhr: optimale Versorgung der Zellen mit Sauerstoff durch die Lunge. Die Herzleistung und parallel dazu die Muskelkraft sind top. Weiterhin günstig für Fitnesstraining. Ihre Lebenspumpe steckt jetzt am meisten weg. Noch mehr Magensäurebildung.

18 Uhr: stärkster Harndrang. Die Leber entgiftet Alkohol jetzt am schnellsten. Die Wirksamkeit einiger Medikamente, z. B. gegen Asthma, Heuschnupfen und rheumatische Erkrankungen, ist nun am höchsten. Weiterer Anstieg der Magensäureproduktion.

19 Uhr: die Stunde unserer höchsten Körpertemperatur. In den kommenden vier Stunden ist die Anfälligkeit gegenüber allergischen Stoffen am höchsten. Patienten mit Magengeschwür nähern sich der kritischen Phase des Tages. Weiterhin großartige Entgiftungsarbeit der Leberenzyme.

20 Uhr: beste Zeit für ein entspannendes Bad. Blutdruck und Herzschlag leiten die Ruhephase ein. Weiterhin großartige Entgiftungsarbeit der Leberenzyme. Weiterhin hohe Freisetzung von Magensäure. Vorsicht, Allergiephase!

21 Uhr: Die Schmerzstunde beginnt, wie die Hersteller von Aspirin & Co. sie lieben. Die Schmerzempfindlichkeit steigt steil an. Die Zirbeldrüse des Gehirns stellt erste Wellen des Schlafhormons Melatonin zur Verfügung. Die Nieren drosseln die Urinproduktion. Wir sollen ruhig schlafen. Weiterhin hohe Freisetzung von Magensäure. Allergiephase!

22 Uhr: die erste Schlafstunde. Viele Stoffwechselorgane sind bereits inaktiv, z. B. der Darm. Hoffentlich war Ihr Abendessen nicht zu opulent. Allergiephase!

23 Uhr: Auch die Systeme der körpereigenen Krankheitsabwehr regenerieren. Höchste Anfälligkeit für Reizmuster und Allergien.

24 Uhr: Sie stecken mitten im zweiten Schlafzyklus. Ihre Muskeln sind erschlafft. Die Denkfähigkeit tendiert zu Null.

1 Uhr: Ende der biologischen Auszeit. Die Immunabwehr ist bereits hochaktiv. Maximale Produktion von Zellen für die Abwehr von Krankheitserregern. Leider laufen auch die Schmerznerven zu Höchstform auf.

2 Uhr: Dies ist die Stunde der Übermüdung – und der Gipfel der Unfälle. Zum dritten Mal fallen Sie in eine Phase des Tiefstschlafes.

3 Uhr: Der Blutdruck sackt weiter ab. Selbst Nachtmenschen erleben eine Phase der Konzentrationsstörung. Höchste Durchblutung im Magen-Darm-Bereich. Der Blutzuckergehalt ist weitgehend aufgebraucht. Hohe Schmerzempfindlichkeit.

Die Antibabypille mit 27-Stunden-Tag
Fernreisen beinhalten oft eine Zeitverschiebung. Die Wirkung einer Antibabypille erstreckt sich nicht über viel mehr als 27 Stunden. Wenn Sie mehr als drei Zeitzonen überfliegen, kann es knapp werden. Für die Einnahme der Pille sollte deshalb weiterhin die Zeit von zu Hause der wichtigste Anhaltspunkt bleiben.

4 Uhr: Mit 36,5 °C sinkt die Körpertemperatur auf den niedrigsten Wert. Die Lunge darf ihre Auszeit nehmen und drosselt ihre Leistung. Asthmaattacken haben jetzt die stärkste, bedrohlichste Wirkung. Hohe Schmerzempfindlichkeit.

5 Uhr: Hochzeit der Regulationssysteme. Der Schalter wird von »Schlaf« auf »Wachsein« umgelegt. Der Blutdruck steigt rasant an. Hormone und andere für den Stoffwechsel bedeutende Substanzen erhalten Vorfahrt für den Blutkreislauf. Vorsicht, das gilt auch für Alkohol. Jetzt wirkt jedes Promille doppelt schnell. Hohe Schmerzempfindlichkeit.

6 Uhr: Rush-Hour in den Entbindungsabteilungen: Die meisten Babys kommen jetzt. Das Leben nimmt einen neuen Anlauf. Die Schmerzempfindlichkeit ist anhaltend hoch.

Gehirnfunktionen im Tagesverlauf

Befassen wir uns noch einmal mit unserer geistigen Leistung. Nüchterne Wissenschaftler betrachten das Gehirn des Menschen fast als Organ wie andere auch – abhängig von der Fluktuation von Blut und Sauerstoff.

Testen wir einfache Fähigkeiten, können wir feste Zeitmuster erkennen. Zählen Sie beispielsweise, wie oft in den Artikeln Ihrer Zeitung ein bestimmter Buchstabe – sagen wir »s« – vorkommt. In der Mitte des Vormittags werden Sie dabei sehr gut abschneiden. Seien Sie nicht enttäuscht: »Kurzzeitgedächtnis« ist der passende Ausdruck für diese Fähigkeit. Sie hält sich tatsächlich nur 15 Sekunden in Top-Form. Unterschiedlich schwierige Anforderungen an das Gehirn gelingen am besten zu unterschiedlichen Tageszeiten. Sie wiederholen sich jedoch. Wollen Sie abwechselnd mit der rechten und mit der linken Hand Puzzleteilchen zusammensetzen? Mit großer Wahrscheinlichkeit erbringen Sie Ihre Top-Leistung am späten Nachmittag oder am Abend. Ob das mit der dann erhöhten Körpertemperatur zusammenhängt, ist nicht erforscht.

Wann wir am besten denken

Auch Erinnern schwankt während des Tageszyklus erheblich.

- Das Langzeitgedächtnis ist produktiver, wenn unser Nervensystem besonders angeregt ist: gegen 20 Uhr.
- Das Kurzzeitgedächtnis wird von anderen Gehirnregionen praktiziert und gipfelt zwischen 10 und 11 Uhr.
- Große Unterschiede verzeichnen wir zwischen Merken und Erinnern. Eine um 9 Uhr früh gehörte Geschichte können Schulkinder sofort anschließend besser nacherzählen als bei einer gleichen Übung am Nachmittag. Prüft man sie eine Woche später wieder, ist das Ergebnis spiegelverkehrt. Die Lesestunde um 15 Uhr blieb lebendiger im Gedächtnis.
- Die NASA beschäftigt eine Hauptabteilung, die ihren Astronauten minutiös beibringt, welche wissenschaftlichen Arbeiten sie in welcher Abfolge erfüllen sollen. Passieren muss es dann draußen im All wie im Schlaf. Einer ihrer Wissenschaftler äußerte sich jüngst mit einer klaren Empfehlung an Fußballtrainer: Neue Taktiken sollten sie um 15 Uhr verkünden und erklären, nicht aber am frühen Morgen.

Körperfunktionen im Tagesverlauf

- Der menschliche Puls bleibt nicht konstant bei 70 Schlägen durch den ganzen Tag. Er verlangsamt sich im Schlaf und beschleunigt sich bei Aktivität.
- Der Blutdruck beginnt mit dem niedrigsten Wert am Morgen und wird im Lauf des Tages kräftiger. Der Blutdruck spiegelt unsere Leistungskurve wieder. Er ist morgens und abends höher. Nachtschichtarbeiter verblüffen Ärzte immer wieder: Ihr Blutdruck ist am Nachmittag und im Lauf der Nacht am höchsten.
- Asthmapatienten sind normalerweise rund um die Uhr ausreichend mit Medikamenten versorgt. Dennoch klagen sie häufig nachts und in den frühen Morgenstunden über Atemnot, Brustenge und Husten. Ärzte sprechen vom nächtlichen Asthma. Es fällt sehr schwer, die Ursachen zu ermitteln und auszuschalten. Denn es sind viele. Die Empfindlichkeit der Lunge auf störende Substanzen ist nachts erhöht. Das betrifft vor allem Hausstaub. Die Weite der Bronchien schwankt. Nachts weisen sie regelmäßig mehr entzündete Zellen auf als bei Tag. Die Muskelspannung innerhalb der Atemwege, beispielsweise der Luftröhre, ist unterschiedlich. Sogar Schleimhäute kennen Phasen der Aktivität und der Erholung. Die Blutwerte des Hormons Histamin steigen nachts an. Das deutet auf Entzündungsvorgänge hin.

Hormone aus dem Takt – Wochenbettdepression

Es ist kaum vorstellbar, was hormonelle Anpassungen innerhalb weniger Stunden für unseren Körper bedeuten können! Die amerikanische Schauspielerin Brooke Shields, Star in »Die Blaue Lagune« und ähnlichen Gefühlsfilmen, zählt zu den wenigen Frauen, die in aller Offenheit ein dramatisches Problem geschildert hat: die

Gefahr einer tiefen Depression unmittelbar nach der Entbindung. Die Veränderungen setzen wie ein Keulenschlag ein. Östrogen und Progesteron erreichen verblüffenderweise innerhalb von Stunden wieder die normale Intensität nicht schwangerer Frauen. Der Körper verschwendet nichts.

Brooke Shields hatte wie jede werdende Mutter erwartet, dass sie die Geburt ihrer Tochter Rowan Francis im Frühjahr 2003 überglücklich machen würde. In Wahrheit kam sie ihr wie ein fremdes Wesen vor. Brooke ertrug ihr Weinen nicht, sie verspürte keine Freude, sie empfand nur Müdigkeit, Verlust. Sie fürchtete die Augenblicke, in denen ihr Mann mit der Tochter auf dem Arm zu ihr kam. Sie wünschte, dass das Kind aus ihrem Leben verschwände, sie wünschte, selbst zu verschwinden. Auf dem Tiefpunkt dieser Entwicklung dachte die Mutter des Babys an Selbstmord. Da war Rowan Frances gerade wenige Stunden am Leben.

Wenn innere Rhythmen aus dem Takt geraten

- Auslöser zahlreicher 24-Stunden-Rhythmen sind Gene. Wissenschaftler entdeckten sie erstmals bei Mäusen und Ratten, danach auch beim Menschen (siehe Seite 176). Verschiebungen der inneren Perioden wirken sich auf das Schlafverhalten und die Stimmungslage aus. Ebenso auf die Verdauungsorgane, auf das Herz-Kreislauf-System und auf die Sexualität. Bei Schichtarbeitern wurden die Neigung zu Übergewicht und ein erhöhtes Risiko von Unfruchtbarkeit registriert.
- Für die Gewöhnung an einen Schichtwechsel braucht ein gesunder Organismus eine Woche.
- Die wesentliche Anpassung der Körperfunktionen an einen Urlaubsaufenthalt in einer unterschiedlichen Zeitzone nimmt zwei bis drei Tage in Anspruch.

Es gibt keinen Zweifel. Die Reaktion auf Medikamente, chirurgische Eingriffe oder Infektionen wird immens stark von unserer inneren Uhr bestimmt. Für die meisten Großunternehmen der Pharmabranche sind diese Erkenntnisse eine Katastrophe. Die Kosten der verlässlichen Entwicklung neuer Massenmedikamente würden sich vervielfachen, wenn die gleichen Anwendungen auch noch zu unterschiedlichen Tages- und Nachtzeiten getestet werden müssten. Das erklärt ihr fortwährendes »dreimal täglich«.

Schärfen Sie also im eigenen Interesse Ihre Sinne für die Chronopharmakologie und ihre maßgeschneiderten Produkte!

Fokus Forschung: Schlafnoten

Der Pittsburgh-Schlafqualitäts-Index quantifiziert als international anerkanntes Instrument die Unterscheidung von guten und schlechten Schläfern. Bewertet werden: subjektive Schlafqualität, lange Einschlafphase (über 15 Minuten), gesamte Schlafdauer, Schlafeffizienz (z. B. Munterkeit am Morgen), Schlafstörungen (z. B. häufiges Aufwachen während der Nacht), Gebrauch von Schlafmedikamenten und Schlafattacken während des Tages. Bei einer Bewertung 0 = sehr gut bis 6 = sehr schlecht, gelten drei Punkte als Grenzwert zu schlechtem Schlaf.

Das Rätsel des siebenten Tages
Was Bibel und Transplantationsmedizin verbindet

Möglicherweise erachten Sie das Wochenende als eine Errungenschaft der Arbeitnehmervertreter. Und vielleicht kommt Ihnen auch die Heilige Schrift in den Sinn, wonach der Mensch am Sonntag ruhen soll.

Unsere Natur kannte beides nicht, als sie sich für den Sieben-Tage-Rhythmus entschied. Und doch ist er weit verbreitet. Wir finden eine Art Wochenzyklus in einzelligen Organismen, in Bakterien und in besonderer Ausprägung in einer Riesenalge namens Acetabularya mediterranea. Bei künstlicher Bestrahlung im Abstand von einem oder mehreren Tagen wird ihr Wachstum beschleunigt. Setzt man sie allerdings diesem Wechsel von Helligkeit und Dunkelheit exakt nur an jedem siebenten Tage aus, verkümmert sie.

Der Mensch – ein Sieben-Tage-Wesen?

Würde es den allgegenwärtigen 24-Stunden-Rhythmus der Erdumdrehung nicht geben, könnte man meinen: Der Mensch ist ein Sieben-Tage-Wesen. »Siebener«, wie Wissenschaftler die wöchentlichen Rhythmen nennen, zeigen sich in den Netzwerken des Kreislaufs, der Hormone und der Nervenarbeit. Ein Auf und Ab im Wochentakt weist die Konzentration verschiedener chemischer Substanzen auf, ebenso der Herzschlag und der Blutdruck. Der Hormonstoffwechsel im menschlichen Urin wiederholt sich im Lauf einer Woche, mit einem Höhepunkt immer zur Hälfte der Periode.

Das Verblüffende daran scheint zu sein: Für diese Sieben-Tage-Zeitspanne gibt es im Kosmos nur ein einziges Vorbild. Der Erdmagnetismus pulsiert in solchen Wellen. Sicherlich nichts zu tun hat dieser Rhythmus mit dem Mondzyklus. Er dauert nicht 28 Tage,

Die Woche hat drei bis acht Tage
Selbst, was in den einzelnen Kulturen als »die Woche« gilt, eignet sich nicht als Vorbild für unsere Sieben-Tage-Frequenz. Quer durch alle Kulturen bezeichnet diese Spanne den Zeitraum zwischen Markttagen. Entlang des Congoflusses dauern Wochen drei, vier, fünf, sechs oder acht Tage lang. Die Mayas Nordamerikas lebten mit einer Fünf-Tage-Kultur, ebenso Perser und Malaysier. In Rom entschied sich erst Kaiser Konstantin 321 n. Chr. für unsere heutige Woche, allerdings mit dem Sonntag als ihren Beginn.

sondern mehr als eineinhalb Tage länger. Auch der Lauf der Sonne ist nicht glatt durch sieben teilbar: Ein Jahr von exakt 52 Wochen käme nur auf 364 Tage.

Auch Krankheiten unterliegen dem Wochenrhythmus

▶ Ein berühmt-berüchtigtes Beispiel: Die Peritonitis, die Entzündung des Bauchfells, war im 17. Jahrhundert eine der schrecklichsten Krankheiten. Grauenvolle Schmerzen und Brechanfälle wiederholten sich alle 14 Tage. Häufig wurde auch eine wöchentliche Wechselfolge verzeichnet. Heute ist dieses Phänomen dank Penicillin gemeistert.
▶ Zyklen sind Schwingungen, die uns innewohnen. Auf Impulse von außen reagiert der Kreislauf besonders dramatisch. Nach der Transplantation einer Niere oder anderer Organe entscheidet sich im Wochenrhythmus, ob eine Abstoßung des neuen Organs bevorsteht oder nicht. Chirurgen sprechen von pünktlich wiederkehrenden Rejektionsepisoden. Wird ein klassisches Medikament verabreicht, um die Immunreaktion zu unterdrücken, gelten der 7., der 14., der 21. und vor allem der 28. Tag nach der Operation als besonders kritisch.

- Bei einer Lungenentzündung entschied sich das Schicksal der Patienten in Zeiten, als das Penicillin noch nicht entwickelt war, um den siebenten Tag herum.
- Jetlag verdirbt uns für gewöhnlich die erste Urlaubswoche.
- Ebenso lange dauert es, bis Malaria im menschlichen Körper ausbricht.
- Kalzium im Urin, die Urinmenge selbst, rote Blutkörperchen, das Säure-Basen-Gleichgewicht des Blutes – alle schwanken im gleichen Sieben-Tage-Takt.
- Die Überlebenszeit von Spermien erstreckt sich über fünf bis sieben Tage.
- Die meisten dieser Vorgänge sind bisher noch völlig rätselhaft. So verändert sich das Verhältnis zweier wichtiger Gehirnbotenstoffe, Neuropinephrin und Epinephrin, stets im Abstand von einer Woche.

Die Wochenendmigräne

Den Samstagmorgen fürchten viele Migränepatienten am meisten. Zwar ist Stress die Ursache ihres Leidens – paradoxerweise treten Kopfschmerzen erst auf, wenn der Auslöser vorüber ist. Betroffene überstehen die Arbeitswoche ohne Beeinträchtigungen. In der Nacht zum Wochenende senken die entsprechenden Hirnbereiche die Schmerzschwelle. Zusätzlich tritt eine Verschlechterung der

Unfalltag Freitag

Einige Phänomene, die sich im Wochenrhythmus wiederholen, erscheinen leicht fassbar. An jedem Freitagmorgen verzeichnen die Unfallstatistiken den Wochenhöhepunkt. Das hängt damit zusammen, dass normalerweise unser Schlafdefizit mit jedem Wochentag zunimmt – die Unfallgefahr steigt.

Das Herz hat eine Sieben-Tage-Woche
Bei Untersuchungen in Japan zeigte sich, dass der Herzrhythmus eindeutig höher an Wochenenden und tiefer an Montagen und Donnerstagen war. Der Blutdruck im Wachzustand erreichte seinen niedrigsten Wert am Sonntag – Woche für Woche.

Blutversorgung ein. Oft aus dem Schlaf heraus verdirbt die Wochenendmigräne die Freude auf die freien Tage. Abhilfe würde theoretisch die Aufrechterhaltung des Arbeitsstresses bringen – doch das wäre keine Lösung. Anzustreben ist ein normales, durchgängiges Belastungsniveau an allen sieben Wochentagen.

Der circaseptane Rhythmus

Der circaseptane Rhythmus ist ein Sieben-Tage-Zyklus, in dem biologische Prozesse vollendet, erledigt oder gelöst werden. Besonders bei Störungen von außen nimmt der Körper sich diese Auszeit des Sammelns und Stärkens. Das wurde am Beispiel einzelner Typhuserreger konkret nachgewiesen. Sobald sie in die Blutbahn injiziert werden, wirken sie wie ein Angriffssignal. Zahlreiche Immunsysteme bereiten sich auf eine entsprechende Antwort vor – und genau eine Woche später ist es soweit.

Eigentlich müsste jeder Klinikbetrieb auf Sieben-Tage-Effekte achten. Ein eindeutiger Zusammenhang besteht zwischen Veränderungen der Blutgerinnung und der Häufigkeit von Herzinfarkten, sogar plötzlichem Herztod.

Auch unsere Stimmungen folgen einem inneren Kalender. Der Zyklus menschlicher Emotionen erstreckt sich über 28 Tage. Zwei Wochen lang geht der Organismus mehr oder weniger freimütig mit Sensibilität und Kreativität um. Liebe, Aufnahmebereitschaft und die Fähigkeit zu künstlerischer Leistung, werden begünstigt. Wir sind aufgeräumter, optimistischer. In den folgenden 14 Tagen scheinen wir unsere Batterien aufzuladen. Wir wirken verschlossener, kritischer, weniger hoffnungsvoll. Manche sind an kritischen Tagen ausgesprochen »schlecht drauf«.

Eine wegen Depression behandelte Frau von 41 Jahren wurde zur Langzeitbeobachtung mit einem Rund-um-die-Uhr-Messgerät der Herzrate und des Blutdrucks ausgestattet. Sie wurde von Ende September bis Anfang Dezember untersucht. Immer zur Wochenmitte wies ihr Blutdruck eine deutliche Steigerung auf.

Natürlich oder ein Phänomen unserer Gesellschaft?

Wie sind die Messergebnisse zu erklären? Oft wird dieses Phänomen als Spiegelbild unserer Gesellschaft betrachtet. Sie lebt im Wochenrhythmus. Interessante Daten aus der Säuglingsmedizin verbannen derartige Vermutungen in das Reich der Mythen: Neugeborene, und da wieder ganz besonders Zwillinge des gleichen Geschlechts, unterliegen wiederkehrenden Veränderungen des Blutdrucks, des Herzschlags und des Körpergewichts im Wochenabstand – und die Kinder sind sicherlich noch nicht vom Rhythmus der Gesellschaft beinflusst.

Nun, einige unserer Organe vollführen Leistungen, die nicht andauernd gefordert werden und dennoch unerlässlich sind. Wachstum, Fortpflanzung und wie oben beschrieben die Abwehr von Krankheiten sind da zu nennen. Zu messen sind derartige biochemische Veränderungen, etwa Hormonspiegel und Blutdruck, nicht allein nach Ausbruch eines Leidens, sondern bereits davor. Auch Tumormarker, das sind Substanzen oder Zellveränderungen, die auf ein Krebsgeschehen hinweisen können, zeigen im Wochentakt diese Symptome.

Das circaseptane System steht meist im Zusammenhang mit Aufgaben, für die ein Tag zu kurz und ein Monat zu lang wäre. Möglicherweise entschied sich der Körper für einen Kompromiss. Diese Lösung hat nichts mit der Außenwelt zu tun. Sie entspringt rein der Intelligenz unseres Organismus.

Negative Sieben-Tage-Rhythmen

Nicht immer scheint der oben genannte Kompromiss zu gelingen – oder eine gute Absicht wird mit tragischem Ausgang vollendet. Im Fatebenefratelli-Hospital in Mailand wurden die Schicksalsstunden von 451 männlichen und weiblichen Patienten analysiert. Sie wurden in einem Zeitraum von 17 Monaten nach einem versuchten Selbstmord eingeliefert und behandelt. Nicht nur für Männer, auch für Frauen konnte ein signifikanter Wochenrhythmus ermittelt werden. Bis zu einem Alter von 22 Jahren reifte der tragische Entschluss zum Suizid meistens an einem Freitag. Für Frauen von 23 und mehr Jahren erwies sich der Donnerstag als der Tag, an dem sie nicht mehr konnten oder wollten.

Weitere Beispiele

- An der Haut der weiblichen Brust können Temperaturschwankungen in unterschiedlichen, festen Rhythmen nachgewiesen werden. Sie umspannen einen Tag, sieben Tage, einen Monat, ein Jahr und sogar ein Dutzend Jahre. Beim Auftreten von Krebs kommt es zu dramatischen Veränderungen. Die beiden ersten Rhythmen werden kürzer – 21 Stunden und dreieinhalb Tage. Die Monatsschwingung verlängert sich auf sechs Wochen.
- Nach einer Gesichtsoperation verschwinden Schwellungen nicht gleichmäßig, sondern eher in Sieben-Tage-Schritten.

Die Chronobiologie enthüllt fortwährend, wie stark Rhythmen das menschliche Dasein steuern. Die meisten unserer inneren Uhren sind schwer zu entdecken. Sie operieren weit unter unserer Wahrnehmungsfähigkeit, tief verborgen in den Strukturen unserer Zellen.

Erst der Einsatz moderner Computersysteme erlaubt die Analyse ihrer Mysterien. Fast alle sind »Siebener«. Am ehesten zu entdecken sind sie, wenn der Körper unter Stress steht, beispielsweise während einer Virenattacke. Der Ausbruch von Malaria verzögert sich nach der eigentlichen Infektion um eine Woche. Erkältungen dauern rund sieben Tage. Die Symptome von Windpocken, hohes Fieber und kleine rote Punkte auf der Haut, erscheinen zwei Wochen nach der Ansteckung.

Sieben – eine Zahl mit großer Bedeutung

Werfen wir noch einmal einen Blick auf die wichtigsten Zeiträume des menschlichen Agierens:

- **Circadian, dian:** 21 bis 28 Stunden
- **Circasemiseptan:** ca. 3,5 Tage
- **Circaseptan:** 7 (4 bis 10) Tage
- **Circadiseptan:** 14 (11 bis 17) Tage
- **Circavigintan:** 21 (18 bis 24) Tage
- **Circatrigintan:** ca. 28 Tage
- **Circannual:** ca. 350 Tage

Es fällt auf, dass die Dauer mehrerer Frequenzen in einer besonderen Beziehung zur Zahl 7 steht. Kein Wunder, dass sie in Mythen, in den Kulturen, den Religionen sowie in der Magie des Menschen eine herausragende Rolle einnimmt – und natürlich in unserem Kalender.

Die heilige Sieben

Das älteste Buch der Menschheit, die Bibel, ist in sieben Kapiteln aufgebaut. An den ersten fünf Tagen schuf Gott Himmel und Erde, den Lauf der Sonne und des Mondes. Er bereitete die Erde vor, so dass Pflanzen und Tiere sie bewohnen konnten. Und am sechsten Tag krönte er sein Werk. Er schuf den Menschen, den Mann und die Frau. Seine Arbeit war getan. Und am siebten Tag ruhte er. Er segnete diesen Tag und stellte ihn unter den Schutz der Zehn Gebote. Warum die Sieben?

Eine mögliche Antwort gibt die Heilige Schrift. Sie beginnt mit sieben hebräischen Worten, die aus 28 Buchstaben bestehen. Sieben steht stets für Vollendung:

- Das Land soll alle sieben Jahre ruhen.
- Auf sieben mal sieben Jahre folgt ein Jahr des Jubels.
- Kranke wurden siebenmal in die Fluten des Jordan getaucht.
- Jesus stillte den Hunger der Massen mit sieben Laiben Brot.
- Er schuf sieben Engel – und ein Buch mit sieben Siegeln.

Im Einklang mit dem Universum

Der brillante Physiker Stephen W. Hawking erläutert in seinem Buch »Eine kurze Geschichte der Zeit«: Das Konzept der Zeit hatte keine Bedeutung vor der Erschaffung des Universums. Ein leeres All benötigte keine Perioden. Die Einteilung in Tage und Nächte ist untrennbar mit der Entstehung des Menschen verbunden. Die Schöpfungsgeschichte beginnt mit den Worten: »Abend und Morgen, Tag eins.«

Der Sieben-Tage-Zyklus ist der Pulsschlag, mit dem alles Leben verbunden ist. Unser Körper schwingt also in höherem Einklang mit dem Universum.

Fokus Forschung: Magische Sieben

Einzelne Zellen, Gewebe und Organe funktionieren in eigenen, idealen Rhythmen. Ihre Tätigkeiten müssen nicht mit gleicher Intensität erfolgen und kennen auch Pausen. Eine einzelne Funktion kann neben dem vorherrschenden Zyklus auch noch anderen folgen. Unabhängig von ihrem Primärtakt besitzen alle Körperrhythmen aber einen übergeordneten, gemeinsamen Nenner – und das ist eine circaseptane Frequenz, so der Chronobiologe Dr. Franz Halberg, University of Minnesota, im American Journal of Anatomy (1982).

Was Monat für Monat passiert

Der Rhythmus, der dem Mond zu Unrecht angelastet wird

Sie schnüren die Joggingschuhe. Sie öffnen die Wohnungstüre. Sie sprinten los. Nach wenigen Schritten wird Ihnen klar: Heute fällt kein Rekord! Sie sind irgendwie nicht gut drauf. Ihr Geist ist willig, Ihr Fleisch ist schwach.

Kein Grund zur Sorge. Auszeiten sind völlig normale Phänomene des menschlichen Organismus. Seinen Batterien fehlt einfach die Power. Hatten Sie kürzlich Schlafstörungen? Überwiegend Fastfood gegessen? Mega-Stress im Job? Wenn Ihre Antworten »Nein« lauten, befinden Sie sich in einem biologischen Tief.

Die monatlichen Rhythmen

Über einen Zeitraum von einem Monat durchlebt der Organismus Ebbe und Flut. Augenscheinlichstes Beispiel ist der weibliche Zyklus der Menstruation. In seiner Mitte erweicht das Hormon Relaxin das Gewebe – an den Tagen 10 bis 14 häufen sich Verletzungen der Bänder an den Kniegelenken.

Zahllose biologische Vorgänge folgen einem vergleichbaren Takt. Die Wissenschaft nennt sie circatrigintane, circamensuelle oder lunare Rhythmen. Einige verraten sich in Gestalt deutlicher körperlicher Reaktionen: Schwerfälligkeit und bleierne Glieder Angstgefühle und Frust, Kurzatmigkeit. Auch Heißhunger auf Süßes passt in diese Reihe. Andere existieren, ohne besonders in Erscheinung zu treten.

- Der Gynäkologe Dr. Edward Dewan aus Boston ließ in den 1960er-Jahren Patientinnen in der Mitte ihres Zyklus mehrere Nächte bei indirektem Licht schlafen und viele Beschwerden verschwanden.
- Die Physiker De Castro und Pearcey deckten auf: Wir essen bei Vollmond mehr (acht Prozent) und trinken weniger Alkohol (26 Prozent) im Vergleich zu Neumond.

Mondschein – schwach, aber nicht wirkungslos
Hat der Vollmond einen besonderen Einfluss auf den Menschen? Mit Statistiken ist kein glaubhafter Beweis zu erbringen. Gewaltverbrechen, Unfälle, Selbstmorde – sie geschehen offensichtlich unabhängig vom Lauf des Mondes. Neueste Ergebnisse der Chronobiologie liefern jedoch Hinweise darauf, dass das schwache Licht des Vollmonds doch Wirkung hat. Seine 0,2 Lux fallen heute allerdings praktisch nicht ins Gewicht. Doch aus alten Überlieferungen wissen wir: In früheren Kulturen erlebten Frauen ihren Eisprung häufig an Vollmond und ihre Periode an Neumond. Fruchtbarkeitsfeste wurden abgehalten, wenn der Erdtrabant in hellem Schein erstrahlte.

▸ Besonders am weiblichen Organismus sind monatliche Rhythmen bei Hautausschlag, Herpes, Diabetesattacken, Mandelentzündung und dem Auftreten von Magengeschwüren zu verzeichnen.

Die falschen Biorhythmen des Dr. Fliess

Ein Beispiel für eine irrtümliche Vermutung ist die Entdeckung angeblicher Biorhythmen. Sie sind die Grundlagen abenteuerlicher Prognosen – und auch von Hochrechnungen, wie viele Unfälle wir durch ihre Berücksichtigung vermeiden könnten.

Der HNO-Arzt Dr. Wilhelm Fliess, Freund des Nervenarztes und Schöpfers der Psychoanalyse Dr. Sigmund Freud, hat sie gefunden, vielleicht erfunden. Er unterstellte: Unsere Geburt ist der Startschuss zweier Zyklen von 28 und 23 Tagen, eng verknüpft mit der Biologie unserer Sexualität. Krankheiten, ja sogar Todestage sollten auf ihrer Basis vorhersehbar sein. Wenn sich die jeweiligen Nullpunkte dieser Kurven an einem Tag treffen, markieren sie einen kritischen Zeitpunkt. Statistiken spielen in der Wissenschaft eine bedeutende Rolle. Auch wenn es darum geht, Licht in seelische Vorgänge zu bringen. Neueste Frequenzmessungen und die schnellsten Computer sind im Stande, selbst die schwächsten Rhythmen unserer Organe zu bestimmen. In vielen Versuchen wurde nach Stoffwechselvorgängen in den von Dr. Fliess ermittelten Abständen geforscht. Zwei waren erfolgreich, aber Hunderte waren es nicht. Die Gesetze der Wahrscheinlichkeit besagen: Selbst wenn fünf von 100 Wissenschaftlern zu einem bestimmten Ergebnis kommen, kann das nicht als überzeugend bewertet werden. Die Biorhythmen des Dr. Wilhelm Fliess wurden nie bestätigt.

Der »echte« Mondrhythmus

Die Mondphase umspannt 29,53 Tage. In der gesamten Tierwelt folgt nur die Beutelratte einem gleich langen Fruchtbarkeitsrhythmus. Ethnologen unterstellen, dass die intelligente Frau der Urzeit sich ihrer Umwelt besonders bewusst war und sich besser anpasste. Die Anziehungskraft des Mondes bewegt sogar die Ozeane. Doch die Energie, mit der sie auf den Menschen einwirkt, entspricht nur dem Gewicht eines Moskitos.

Monatseinflüsse auf die körperliche Entwicklung

Fast zwölf Jahre lang, von November 1978 bis April 1990, verglichen drei Forscherteams in Spanien, Tschechien und im US-Bundesstaat Minneapolis im Monatsabstand das Körpergewicht und die Größe von fast 700 Neugeborenen. Die Durchschnittswerte waren 50,58 Zentimeter und 3381 Gramm. Die Hebammen staunten: Der jeweilige Geburtsmonat spielte offensichtlich eine Rolle. Etwa alle vier Wochen hatten die Schwestern es mit etwas größeren und etwas schweren Säuglingen zu tun – mit Höchstwerten im April. Über einen Zeitraum von bis zu zwölf Jahren nahm ihr Gewicht nicht grammweise, sondern sprunghaft zu – mit auffäl-

Verständnis der inneren Rhythmen

Die Wechselfolge von Tag und Nacht wird durch unsere elektrifizierte und technisierte Lebensart immer stärker maskiert. Umso wichtiger ist es, dass wir uns der inneren Rhythmen in ihrer schicksalhaften Bedeutung bewusst werden und sie verstehen. Die Chronobiologie hat sich die Erforschung der Zusammenhänge zum wichtigsten Ziel gesetzt.

ligsten Veränderungen im Abstand von nahezu einem halben und einem ganzen Jahr. Marshall und Swan konnten ähnliche Daten beim Vergleich mit blinden Kindern nachweisen. Sie glaubten, damit den Einfluss von Sonnenlicht ausgeschlossen zu haben.

Des Weiteren prägt ein Drei-Monats-Rhythmus die Menschwerdung im Mutterleib. Embryonen weisen alle 12 bis 13 Wochen erkennbare Entwicklungssprünge auf.

Auch unsere Haut lebt mit einem Monatskalender. Sie ist alles andere als passiv, vielmehr ist sie ein vielseitiges Organ, das von unterschiedlichen Rhythmen gesteuert wird. Der vollständige Austausch sterbender oder toter Zellen durch neue z. B. benötigt im Schnitt 27 Tage. Das ist auch die Dauer von Sonnenbräune.

»Außerirdische« Einflüsse auf die Börse

Eine Reihe von Wissenschaftlern schwören auf einen starken Effekt des 29-Tage-Umlaufs unseres Erdtrabanten auf Stimmungen wie Euphorie, Hoffnung und Zweifel. Das gilt sogar für Bereiche unseres Geschäftslebens, die eigentlich von Logik und Berechnung geprägt werden und in den Menschen tätig sind, die sich zu Zeiten der New Economy als Master of the Universe fühlten: der Aktienhandel. »Was ein bisschen Mondlicht bewirken kann«, nannte die seriöse Wirtschaftszeitschrift Economist eine Auswertung mehrerer Untersuchungen außerirdischer Einflüsse auf die Kapitalmärkte. Wer seither behauptet, Börsenmakler seien mondorientiert, ist schwerlich zu widerlegen.

David Hirshleifer und Tyler Shumway von der Universität Michigan richteten ihre Blicke vor allem zur Sonne. Im Zusammenhang mit den Ergebnissen aus 26 Börsenplätzen fanden sie heraus: Schien z. B. in New York an einem Börsentag morgens die Sonne, war ein Anstieg der Kurse um 24,8 Prozent wahrscheinlicher als an regnerischen Tagen. Unter Wissenschaftlern stößt der Effekt der Sonne auf unser Gemüt auf wenig Zweifler. Befragungen haben demzufolge ergeben: Wenn die Sonne scheint, sind wir merklich gutgläubiger.

Kathy Juan, Lu Zheng und Qiaoqiao von derselben Universität nahmen sich die Mondtabellen vor. Sie verglichen die Entwicklung von Wertpapieren bis ins Jahr 1965 zurück und suchten nach Zusammenhängen mit dem Mondzyklus. Und tatsächlich: Aktiengewinne waren rund um Neumond sehr viel wahrscheinlicher als bei Vollmond. Der Unterschied betrug immerhin 8,3 Prozent. Das Phänomen betraf 43 von 48 analysierten Börsenplätzen.

Der Neumond liebt den Kapitalismus

Ilia Dichev und Troy Janes, Universität Michigan, blätterten in den Wertpapierarchiven sogar mehr als 100 Jahre zurück. Das gleiche Ergebnis: Kursanstiege an den Handelstagen zur Mitte des Mondzyklus schlugen alle Rekorde. Neumond liebt den Kapitalismus. Besonders der 14. und der 18. Tag erwiesen sich als bemerkenswert. Papiere, die vor allem von großen Finanzinstituten wie Banken und Versicherungen gehandelt wurden, wiesen weniger Ausschläge auf, wo hingegen sich der Mondeffekt stärker auf Aktien auswirkte, die von Einzelanlegern bevorzugt wurden.

Mondphasen beeinflussen tatsächlich den Aktienhandel

Die gemeinsame Auswertung der Ergebnisse von Kapitalmärkten zeigt ohne Zweifel: Von den 29 Tagen eines Mondmonats liefern die ersten sieben und die letzten sechs überwiegend Rückgänge der Aktienkurse. Fast immer verbuchen Vollmondtage zu Beginn der Phase den größten Verlust. An den Börsentagen 8 bis 22 kommt in der Regel Freude auf: Zu Beginn der Mondphase sind die Papiere durchweg höher bewertet als bei Vollmond.

Die beeinflussbare Psyche

Psychologen sind gespalten, wenn sie um Erklärungen dieses Phänomens gebeten werden. Dass die Mondphasen Eigenarten im Verhalten einzelner Menschen verstärken können, ist unumstritten. Dass aber weltweit Investoren derart einhellig beeinflussbar sind, erscheint ihnen weitgehend unerklärlich.

Wenn Investoren ihre Entscheidungen strikt auf Grund logischer Überlegungen treffen, kann außerirdischer Einfluss keine Rolle spielen. Allerdings ist bekannt: Anleger sind nicht frei von subjektiven Empfindungen wie Verlustangst, Überschätzung und Stimmungen. Bestimmte Launen beeinträchtigen das Urteilsvermögen, konkret: die Fähigkeit, Informationen zu bewerten und in Entscheidungen einfließen zu lassen. Unsicherheit führt bekanntlich in allen Lebenslagen zu Fehlentscheidungen.

Psychologisch eine besonders auffallende Rolle spielt die erste Kursbildung bei Börsenanfang. Coval und Shumway dokumentierten: Händler schließen von frühen Verlusten auf ein negatives Umfeld am Nachmittag mit noch höheren Verlusten. Sie sind aber nicht im gleichen Ausmaß optimistisch, wenn der Aktienmarkt mit einem Raketenstart loslegt.

Die Wissenschaft konnte bisher nicht klären, warum bestimmte psychische Erkrankungen in Schüben verlaufen und oft einen Monatstakt zeigen. Lange Zyklen lassen sich schwerer enträtseln als kurze.

Der Einfluss des Mondes auf die Psyche

Der Mond ist ein Stimmungsfaktor. Dieser Glaube reicht bis in Urzeiten zurück. Einige Untersuchungen zeigen konkret Zusammenhänge zwischen dem Mond und dem menschlichen Urteilsvermögen.

Astrologen interpretieren diese unglaublichen Zusammenhänge so: Vollmond ist die Vorstufe eines Rückgangs. Der Mondeffekt wird kleiner. Die helle Scheibe signalisiert: Jetzt ist Verlust angesagt. Neumond ist genau das Gegenteil. Der Gipfel des Rückgangs ist erreicht. Jetzt kann es nur täglich mehr werden. Und so kommt es auch. Der Schein des Erdtrabanten wächst ab jetzt kontinuierlich 15 Nächte lang.

Abnehmen nur bei abnehmendem Mond

Der angesehene Astrologe Winfried Noé verweist in seinen Publikationen und Fernsehsendungen auf ein weiteres Phänomen dieser Art. Bei zunehmendem Mond fällt den Menschen auf der Erde das Abnehmen wesentlich schwerer: Die Tage 15 bis 29 des Mondzyklus sind fast immer verlorene Liebesmühe in Sachen Abspeckversuche. Während dagegen die zwei Wochen ab Vollmond eine für die Gewichtsregulation besonders günstige Phase darstellen.

Noé entdeckt entsprechend den zyklischen Bahnen der Planeten Parallelen zum Herzschlag des Menschen, zum Rhythmus des

War Judas ein Skorpion?
Sein Antlitz ist als einziges der 12 Jünger auf da Vincis Abendmahl im Dunkeln. Sein Blick ist abgewendet. Typisch auch die buschigen Brauen, der volle Haarwuchs. Die Farbtöne der Dreiergruppe, der er angehört, symbolisiert das Element Wasser. Seine Hand greift nach dem Geld. Da Vinci zeigt diesen Jünger in einem Augenblick, in dem er erschrickt: Fürchtet er, Jesus habe ihn durchschaut?

Atmens, zum Wechsel zwischen Wachsein und Schlaf und dem Spiel der Jahreszeiten. Beispielsweise eigne sich ein bestimmter Abschnitt im Lauf des Merkur am schlechtesten für Anschaffungen, für Vertragsabschlüsse oder einen Neustart: »Hier gibt es immer unvorgesehene Probleme.«

Die Symbolik des Leonardo da Vinci

Für Leonardo da Vinci gab es keinen Zweifel: Der Mensch ist Teil der göttlichen Schöpfung. In seinem Meisterwerk, der Darstellung des letzten Abendmahls, brachte der Widder-Geborene (15. April 1452) seine Überzeugung auf geniale Weise zum Ausdruck. Die zwölf Jünger Jesu repräsentieren dieselben Planeten, auf die sich die Lehre der Astrologie stützt. Jeder einzelne der Jünger verkörpert vortrefflich als Individuum die Charaktere eines der bekannten Tierkreiszeichen. Jeweils drei sind einem der vier Elemente Erde, Wasser, Luft und Feuer zugeordnet und bilden auch in der Komposition des Gemäldes eine Gruppe.

Schauen Sie bei der nächsten Gelegenheit genau hin: Jeder aus diesem Dutzend unterscheidet sich durch die Haltung des Körpers, durch die Farbe seiner Kleidung, durch die Gestik seiner Hände, durch die Mimik und durch seine Beziehung zu den Umstehenden. Sogar die von Leonardo gewählte Reihenfolge findet in verblüffender Weise eine Entsprechung in der Astrologie. Die Dreiergruppe ganz links wird dem Element Erde zugeordnet und stellt die Sternzeichen Stier, Jungfrau und Steinbock dar. Die zweite Gruppe reicht an die rechte Körperhälfte von Jesus heran: Sie verkörpert offensichtlich das Element Wasser mit Skorpion, Fisch und Krebs. Die Dreiergruppe an der blaugewandeten Seite Jesu ist die Darstellung des Elements Luft: Zwilling, Wassermann und Waage. Rechts außen zeigt sich die Gruppe ohne langes Palaver zum Handeln entschlossen – ganz dem Feuer entsprechend: Widder, Löwe und Schütze.

Petrus, der Fische-Geborene, befindet sich im Spannungszustand zwischen dem auf die Welt fixierten Verräter Judas und dem auf Gott gerichteten Johannes. Simon, ganz rechts, nimmt als Schütze wie selbstverständlich die Rolle des Führenden in Anspruch. Er wirkt wie Jupiter, der sein Sternzeichen beherrschende Planet.

Die Symbolik dieses Meisterwerks deutet auf eine höhere Intelligenz, eine höhere Ordnung. Unleugbar scheinen in jedem der Jünger geheimnisvolle Kräfte des Universums zu wirken.

Fokus Forschung: Mondgeschlecht

Das Geschlecht eines Kindes wird auch davon beeinflusst, ob sich der Mond in einem männlichen oder weiblichen Tierkreiszeichen aufhält – glaubt der tschechische Arzt und Psychiater Dr. Eugen Jonas. Seine These stützt sich aus der Befragung von rund 30000 Patientinnen über den Termin der Zeugung. Männliche Tierkreiszeichen: Widder, Zwilling, Löwe, Waage, Schütze, Wassermann. Weibliche Tierkreiszeichen: Stier, Krebs, Jungfrau, Skorpion, Steinbock und Fische. Neuere Untersuchungen konnten diese Ergebnisse jedoch nicht belegen.

Jahraus, jahrein

Wendezeiten des biologischen Kalenders

Eine große deutsche Zeitschrift legte vor einigen Jahren ein überzeugendes Bekenntnis zur Astrologie ab. Sie widmete dieser Erfahrungswissenschaft ihr Titelblatt. Ein Grafiker wurde beauftragt, eine packende Illustration anzufertigen, was ihm auch gelang. Zu sehen war die unbekleidete Gestalt einer jungen Frau. Sie lag auf der linken Seite ihres schlanken Körpers. Sie war augenscheinlich gut durchtrainiert. Während sie ihren Schädel tief in den Nacken drückte, berührte sie mit ihren eigenen Zehenspitzen den Hinterkopf. Vom Scheitel bis zur Fußsohle bildete sie einen geschlossenen Bogen. Unterlegt hatte der Grafiker diese Darstellung durch einen Kreis mit zwölf gleich großen Segmenten, wie ein Dutzend Tortenstücke. Sie entsprachen den zwölf Tierkreisregionen des Firmaments ab.

Die jährlichen Rhythmen

Die Zeichnung hatte der Illustrator sich so nicht ausgedacht. Sie verdeutlichte nur in sehr moderner farbenprächtiger Form eine uralte, überlieferte Annahme: Jedes Zwölftel eines Jahres steht in besonderer kosmischer Verbindung zu einem unserer Organe. Im Vier-Wochen-Takt, identisch mit dem jeweiligen Stand der Sonne in den Tierkreiszeichen des Firmaments, kommt jedes an die Reihe. Die erste Zeiteinheit, vom 20. März bis zum 20. April, entspricht dem Schädel vom Scheitel bis unter die Nase. Die zweite dem Mund, Rachen und Gaumen bis zu den Nackenmuskeln (Mai). Und so weiter: Luftröhre und Lunge (Juni); Speiseröhre, Magen, Zwerchfell (Juli); Herz, Rückenmark, Spinalnervensystem (August); Bauch, Darmbereich (September); Lenden, Nieren, Gallenwege (Oktober); Leiste, Fortpflanzungsorgane, Prostata (November); Kreuzbein, Oberschenkel, Ischiasnerv (Dezember); Knochengerüst, Haut, Knie (Januar); Unterschenkel, Schienbein, Achillessehne (Februar). Das letzte Element des kosmischen Jahres, das Tierkreiszeichen der Fische (März), unterhält eine besondere Verbindung zu unseren Füßen, den Sohlennerven und dem Fersenbein.

Alle in der Redaktion waren von der optischen Umsetzung dieser alten Idee begeistert. Nur nicht der Chefredakteur. Als Wassermann-Geborener konnte er sich nicht damit abfinden, dass ihm am ehesten das Wadenbein entsprach. Das Titelbild wurde nie gedruckt.

Astrologie – doch kein Aberglaube?

In der Wiederkehr eines Jahres hinterlassen circannuale Rhythmen unstreitig tiefe Spuren in unseren Prägungen. Wie sind sie zu deuten? Trägt jedes Novembergeschöpf mit besonderer Beziehung zu den Sexualorganen Parallelen zu Don Juan in sich, diesem Sinnbild ewig ungestillter Leidenschaft? Nein. Die Überlieferung schreibt nicht vor, welche Betonung ein bestimmter Geburtsmonat entwickelt. Sie legt sich nur in einer Dimension fest: Für Novembergeborene erhält Nachkommenschaft eine tiefe Bedeutung. Das kann bedeuten: sehr viele Söhne und Töchter; ein unerfüllter Kinderwunsch; Engagement in der Jugendförderung u. Ä.

Jeder Monat hat andere Auswirkungen

Man mag daran glauben oder nicht. Unbestritten ist: Nicht ein Monat hat den gleichen Einfluss auf die Biologie des Menschen wie irgendein anderer. (Sogar die Reaktionszeit am Steuer eines Autos kann davon abhängen, in welchem Abschnitt des Jahres wir uns gerade befinden.)

Der kürzeste Monat birgt sogar ein schreckliches Geheimnis. Zu keiner Zeit sterben in unseren Breitengraden mehr Menschen als im Februar. Genau ein halbes Jahr später zeigen die Zahlen des Statistischen Bundesamtes ein gegenteiliges Bild. »Man stirbt nicht im August« titelte der frühere Bertelsmann-Jurist Dr. Manfred Köhnlechner 1976, als er die Branche wechselte und Deutschlands erster Promi-Heilpraktiker wurde. Natürlich ist auch der heißeste Sommermonat für viele, zu viele Menschen tödlich. Die nackten Vergleichszahlen zeigen jedoch: Für je 100 Todesfälle im August muss im Februar mit mehr als 137 gerechnet werden. Manche Großstädte, beispielsweise Wien, registrieren nicht selten einen Anstieg von über 100 Prozent.

Die beiden Wendezeiten für den Organismus

Zweimal im Lauf eines Jahres nimmt unser Organismus eine tief greifende Umstellung vor. Es sind Wendezeiten im biologischen Jahresrhythmus. Betrachten wir zuerst die im August. Es ist Hochsommer. Alle Systeme funktionieren perfekt. Doch allmählich beginnen alle unsere Organe, eines nach dem anderen, sich auf die noch ferne dunkle Jahreszeit vorzubereiten. Der September ist immer noch sehr verträglich, aber nicht mehr so unbeschwert wie der August. Die Belastung für den Körper nimmt stetig zu. Oktober, November und Dezember hinterlassen bereits deutliche Spuren in den Sterbestatistiken. Im letzten Monat, bevor die Sonneneinstrahlung wieder merklich zunimmt, ist der biologische Tiefstpunkt erreicht: im Februar. Zum Glück ist es erneut ein Wendepunkt, so dass es nur besser werden kann. Aber das bevorstehende Frühjahr fordert unseren Regulationssystemen Schwerstarbeit ab. Ein geschwächter Organismus kann überfordert werden.

Die Monate von gut bis schlecht

Hier die exakte Aufreihung der einzelnen Monate, von »besonders verträglich« bis »besonders belastend«:
August, September, Juli, Juni, Oktober, Mai, November, April, Dezember, März, Januar und als Todesmonat der Februar.

Die Voraussetzungen für eine umfassende Neuanpassung sind im zweiten Monat des Jahres keineswegs optimal. Manche inneren Uhren versagen jetzt. Die Sonne hat seit Mitte Oktober praktisch keine biologische Kraft mehr. Unser Blut weist im Februar den niedrigsten Gehalt an Kalzium und Phosphor auf, im August den höchsten. Die Senkungsgeschwindigkeit der Blutkörperchen ist reduziert. Die Produktion der Vitamine D und – als Folge – A ist eingeschränkt.

Die belastenden dunklen Monate

Während im Frühjahr jeder Tag uns der besten Saison des Jahres näher bringt, zahlen wir dafür über einen längeren Zeitraum einen sehr hohen Preis. Die Sterbequote sinkt nur allmählich. Der März verzeichnet immer noch mehr Todesfälle als der Dezember, der April mehr als der November.

Die Ursachen herauszufinden, fällt nicht immer leicht. Bei Hitze ist das Risiko eines Herzinfarkts oder Schlaganfalls höher. Es ist aber nicht die Wärme, die eine bedrohliche Belastung darstellt. Es ist eine zu rasche Wechselphase von kalt auf warm.

Wir können und sollten in den dunklen Monaten die Arbeit unserer Regelsysteme erleichtern. Am einfachsten geht dies, indem wir, biologisch gesehen, dem markantesten ausgeprägten natürlichen Rhythmus entsprechen und uns stärker an den Schlaf-wach-Zyklus halten.

Das Auf und Ab im Körper ist nicht nur eine Reaktion auf Jahreszeit oder Sonnenstand. Es erfolgt auch, wenn wir hell oder dunkel nicht wahrnehmen können. Deshalb kann man geophysikalische Einflüsse nicht vollständig ausschließen. Die Umwelt wirkt im Zusammenspiel mit unseren Erbanlagen als Zeitgeber. Sie hat eindeutig regulierende Wirkung.

In Abhängigkeit von den Jahreszeiten

Empfängnis und Geburt weisen ähnliche jahreszeitliche Rhythmen auf wie der Tod. Für Liebe, Zärtlichkeit und Sexualität gibt es Hochsaison. Die Bildung des männlichen Sexualhormons Testosteron verstärkt sich im Herbst. Die Samenkonzentration ist im Winter am höchsten, die sexuelle Aktivität ganz entsprechend. In den ersten dunklen Monaten werden die meisten Kinder gezeugt. Auf der Säuglingsstation des Krankenhauses im Hamburger Stadtteil Eimsbüttel war Juni 2005 der Rekordmonat seit mehr als 20 Jahren. Trotz Antibabypille wird hier die Evolution spürbar: In der milden Jahreszeit mit ihrem reichlicheren Nahrungsangebot war die Überlebensrate Neugeborener höher.

Herzattacken häufen sich im Winter. Die kalte Jahreszeit geht einher mit höheren Werten an Blutfetten und schwächeren Abwehrkräften.

Saisonal abhängige Depressionen

Auch unsere Empfindungen unterliegen deutlichen Schwankungen als Ergebnis der circannualen Wellen. Übergänge zwischen den Jahreszeiten bergen rätselhafte Risiken. Das Krankheitsbild der saisonal abhängigen Gefühlsstörung, abgekürzt SAD, ist weit verbreitet. Sie verändert die Stimmung und das Verhalten. Betroffene erleben lange Perioden der Depression, gehäuft sowohl im Sommer, als auch im Winter. Alle weisen eine verminderte Leistungsfähigkeit und verstärkte Schlafstörungen auf.

Kennzeichen der Sommer- und der Winter-SAD

- Sommer-SAD wird mit Umweltfaktoren wie Luftfeuchtigkeit und Hitze erklärt. Die Depression in der Jahresmitte führt in der Regel zu Wutanfällen und reduziertem Schlafbedürfnis. Auch Appetitmangel ist üblich und Selbstmordabsichten nehmen zu.
- Die dunkle Variante der gleichen Erkrankung erscheint schrittweise im September oder Oktober und erstreckt sich bis zum März oder April. Die Winter-SAD wird mit selteneren Aufenthalten unter freiem Himmel in Verbindung gebracht. Serotonin, unser wichtigster Botenstoff für gute Laune im Gehirnstoffwechsel, wird jetzt im Blut in geringerer Konzentration gemessen. Die an Depression Erkrankten verbringen täglich bis zu vier Stunden mehr im Bett. Sie verlieren das Verhältnis zu einer sinnvollen Ernährung. Soziale Kontakte tendieren gegen null. Einige nehmen innerhalb von zwei oder drei Monaten 20 Pfund zu.

Die Veränderung im Haushalt der Hormone kann bewirken, dass Betroffene sich selbst nicht mehr wiedererkennen: Sie scheitern an völlig üblichen alltäglichen Handlungen, wie am Bügeln der Wäsche oder dem Bedienen eines Computers. Sie verlieren die Kontrolle über die Tageszeit, werden unpünktlich. Sie können sich nicht konzentrieren. Negative Gedanken gewinnen die Oberhand: Schuldgefühle, Hoffnungslosigkeit, Verzweiflung.

Typisch für die saisonale Gefühlsstörung ist ihre Abhängigkeit von der Jahreszeit: Wenige Wochen später sind ihre düsteren Merkmale wie weggewischt.

Die dunkle Jahreszeit richtig nutzen

Der menschliche Organismus verkraftet im Lauf des Jahres gravierende physiologische Veränderungen. Im Sommer geborene Babys haben eine weit höhere Wahrscheinlichkeit, das erste Jahr gesund zu meistern. Umgekehrt verbindet besonders der Winter elementare Kräfte gegen uns und unsere besten Absichten. An der Spitze: schlechtes Wetter, schwindendes Tageslicht, kraftlosere Vitamine, weniger Bewegung. Jeder Fitnesstrainer weiß: Dieses Auf und Ab ist völlig natürlich. Den Tiefststand erleben wir in der dunklen Jahreszeit. Das ist nicht die Saison für Muskelaufbau oder Gewichtskorrektur. Wenn Sie jetzt Ihre Form halten, ist das schon bemerkenswert. Es wäre die von der Natur empfohlene Zeit des Sammelns, des Überprüfens, der Auseinandersetzung mit den Hemmnissen unseres Daseins.

Nur wenige von uns fühlen sich auf derartige Weise herausgefordert. Die angemessene Art, intelligent damit umzugehen, liegt auf der Hand: Sich fragen: »Was ist das Problem?« Und kreativ darauf reagieren. Beispielsweise: Dreimal pro Woche den Wecker eine halbe Stunde früher stellen. Vor der Arbeit einmal um den Block gehen.

Die Zirbeldrüse – Steuerzentrale aller Drüsen

Auf keinen Fall wäre es angebracht, in der dunklen Jahreszeit mit seinem Körper im Clinch zu liegen. Es sind nicht die Muskeln, die Knochen, die Blutgefäße, die schlapp machen. Sie gehorchen einzig unserer winzigen Zirbeldrüse, zwischen Großhirn und Kleinhirn verankert. Sie ist etwa sechs Millimeter lang und wiegt weniger als ein Gramm. Dieses winzige Organ, auch Epiphyse genannt, scheint die Steuerzentrale aller Drüsen und damit aller flüssiger Körpersubstanzen zu sein. Vor allem regelt sie die Sexualität vieler Tierarten. Bei urgeschichtlichen Kriechtieren befand sich diese Drüse an der Außenhaut, einem Lichtsensor vergleichbar. In einigen Gattungen fungiert sie heute noch als eine Art drittes Auge, empfänglich für Lichteffekte. Vermutlich empfängt die Zirbeldrüse aus der Länge des Tageslichts Informationen über die Jahreszeit.

Bei Tieren der Arktis, wie Lemmingen oder Seehunden, kann sie sehr dominant werden und sich zur größten Drüse innerhalb des Schädels entwickeln. Es sind Tiere, für die der Zeitpunkt der Paarung eminent schicksalshaft ist. Jungtiere werden nicht in die kälteste Zeit hineingeboren. Lebewesen in den Tropen, wo die Tage praktisch stets gleich lang sind, kommen auch mit einer ganz kleinen Zirbeldrüse bestens über die Runden.

Ihr Vorhandensein, egal wie groß, ist der schlagende Beweis: Zeit hat für den Organismus mindestens eine ähnliche Bedeutung wie die Umwelt.

Produktionsstätte des Melatonins

Die Zirbeldrüse versorgt unseren Körper mit dem Hormon Melatonin. Lange Zeit galt es als rätselhaft. Doch aus jüngster Forschung wissen wir jetzt: Diese Substanz ist ein chemischer Botenstoff. Melatonin besitzt Informationen nicht nur über die Stunde des Tages, sondern auch über die Jahreszeit. Im menschlichen Körper reguliert dieser Botenstoff die Reaktion auf den Tag-Nacht-Wechsel ebenso wie die auf den Wechsel der Jahreszeiten. Dabei ist die Länge des Tageslichts die präziseste Grundlage, die uns von der Natur zur Verfügung gestellt werden kann. Zuverlässiger als beispielsweise Veränderungen der Temperatur oder des Geräuschpegels unter freiem Himmel.

Licht macht Lust auf Sex

Beim Mann wirkt Helligkeit wie ein Aphrodisiakum. Am frühen Morgen lässt kräftiges Licht die Produktion von Melatonin sinken und damit die Testosteronausschüttung in den Hoden ansteigen. Das berichtete ein Forscherteam in der Fachpublikation »Neuroscience Letters«. Es untersuchte die Konzentration des luteinisierenden Hormons (LH) im Urin. Diese Substanz aus der Hypophyse steuert den Stoffwechsel in den Geschlechtsorganen. Der Mediziner Daniel Kripke von der University of California, San Diego, riss fünf Tage hintereinander elf junge Männer um 5 Uhr aus dem Schlaf. Ihr Urin wurde analysiert. Danach wurden einige Männer eine Stunde lang mit sehr starkem Licht und andere mit sehr schwachem bestrahlt. Die LH-Werte der kräftig beleuchteten Gruppen lagen um 70 Prozent höher als in der zweiten Gruppe!

In Laborversuchen wurde Tieren die Zirbeldrüse entfernt. Sie paarten sich daraufhin zu ungeeigneten Zeiten und erhöhten ihre Körpertemperatur, ohne dass es erkennbaren Sinn machte.

Lebewesen verfügen im Winter über mehr Melatonin und im Sommer über weniger. Wir Menschen sind nicht so sehr von den Jahreszeiten geprägt. Dennoch weisen die meisten von uns einen zuverlässigen Tagesrhythmus in der Produktion dieses Zirbeldrüsensekrets auf. Das beeinflusst die Phasen des Schlafens und der Ruhe. Mit der Einnahme von Melatonin kann außerdem Einfluss auf den Tagesrhythmus anderer Hormone genommen werden.

Wichtiger Faktor Sonneneinstrahlung

Wir sprechen von Monaten und Jahreszeiten. Auch die Fähigkeit des Blutes zur Gerinnung ändert sich im Lauf heller und dunkler Monate. Doch selbst wenn wir eine ganze Reihe Jahreszyklen kennen, wird jeder einzelne von unzähligen Mini-Reaktionen der

Organe gebildet. Tag und Nacht wirken kontinuierlich Einflüsse auf uns ein. In den meisten westlichen Kulturen werden Sexualverbrechen überwiegend im Sommer verübt. Im Winter verschwinden sie nahezu aus den Kriminalstatistiken.

Sonne kann schaden und nützen

Viele Beobachtungen erscheinen zunächst rätselhaft. Es ist Mai, die Sonneneinstrahlung nimmt zu, das Gemüt der Allermeisten hellt sich auf. Doch in keinem anderen Monat des Jahres nehmen sich mehr Männer das Leben. Schuld an diesem tragischen Phänomen ist ebenfalls die Sonne! Zu dem Ergebnis kommt eine Studie der britischen Gesundheitsorganisation Priory Group. Für das Ausführen von Selbstmordhandlungen liefert offensichtlich die Helligkeit den letzten Kick. Forscher vermuten, dass diese Kettenreaktion auf die erhöhte Konzentration des Serotonins zurückzuführen ist. Normalerweise unser Glückshormon, kann Serotonin derart beflügeln, dass es die entscheidende Energie auch zur Ausführung einer Wahnsinnstat liefert.

Überwiegend führt das Frühlingsklima zu einer Verbesserung der Depression. Aber dennoch ist unbestritten: Zwischen der nationalen Suizidrate von Männern und der Dauer der Sonneneinstrahlung besteht ein unleugbarer Zusammenhang. Frauen hingegen sind im Februar am stärksten gefährdet. Warum? Dieses Rätsel behält der Organismus für sich. Nicht das Einzige. Trauer über den Verlust einer nahe stehenden Person trifft uns normalerweise wie ein Keulenschlag. Krankhaft kann diese Reaktion auch um Monate verzögert auftreten – mit Überaktivität oder Aggression oder Depression.

Ein weiteres Beispiel für den wichtigen Einfluss der Sonneneinstrahlung auf unseren Organismus: Im Frühjahr brechen unsere

Knochen eher. Während der Wintermonate entsteht ein Vitamin-D3-Mangel, besonders bei älteren Menschen. Sie gehen seltener ins Freie. Sie verhüllen sich mit dicker, dunkler Kleidung. Das lässt Sonnenstrahlen wenig Chancen. Das Skelett wird allmählich porös. Ein Jahr später häufen sich dann die Knochenbrüche.

Chronokosmetik und Chronoliebe

Neueste Erkenntnisse der Chronobiologie beeinflussen auch die Kosmetikbranche. Die US-Kaufhauskette Sake hat für 115 Dollar einen Lippenstift mit Langzeitwirkung im Angebot: Wer die Konturen seines Mundes ab Mai damit verschönt, regt gleichzeitig das Hautwachstum und die Zellregeneration an. Im Sommer sind dann die Lippen voller.

Offensichtlich besitzen auch zwischenmenschliche Gefühle eine Zeitachse. Heiratswillige wählen bevorzugt eine Partnerin oder einen Partner mit einem Geburtstag, der etwa zwei Monate vom eigenen entfernt liegt – nach vorne oder rückwärts. Bei einem Kongress für Zyklusforschung wurde als Beispiel angeführt: Juni-Männer entscheiden sich sehr gerne für April-Frauen, noch häufiger für August-Partnerinnen, aber seltener für Oktober-Geborene. Es gibt also auch eine Chronoliebe.

Fokus Forschung: Immunzyklus

Die Erkältungshäufigkeit in den Wintermonaten hat wenig mit Kälte und viel mit der Immunlage zu tun. Die Heilenergien des Sonnenspektrums stärken unsere Abwehrkräfte. Doch ab Mitte Oktober hat Sonnenlicht in unseren Breitengraden keine therapeutische Kraft mehr. Mit anhaltender Dauer der dunklen Jahreszeit werden unsere Immunreserven abgebaut, Krankheitskeime haben leichteres Spiel.

Von Dekaden und Ego-Phasen

Warum jeder runde Geburtstag so besonders ist

Stellen Sie sich einmal vor: Es gibt eine Bank, die Ihnen jeden Tag 86 400 Euro überweist. Sie überlässt Ihnen dieses Vermögen nur für einen Tag. Um Mitternacht verfällt alles Geld, das Sie nicht ausgegeben haben. Was würden Sie tun? ALLES abheben, natürlich. Jeder von uns hat eine solche Bank. Sie heißt: ZEIT.

Jeden Morgen schreibt sie uns 86 400 Sekunden gut. Jede Nacht wird als Verlust alles abgeschrieben, was Sie nicht für einen guten Zweck verwendet haben. Jeden Morgen, jede Nacht das Gleiche. Es gibt kein Borgen von gestern. Es gibt keinen Kredit auf morgen.

Sie müssen in der Gegenwart leben und die Schätze des Tages investieren. Tun Sie das so, dass Sie das Maximum an Gesundheit, Glück und Erfolg erzielen. Machen Sie aus dem heutigen Tag das Beste! Die Uhr läuft.

Der Wert der Zeit

Gedanken, die ein unbekannter Autor ins Internet gesetzt hat. Er schreibt:

- Wollen Sie den Wert eines Jahres kennen? Fragen Sie einen Studenten, der eine Prüfung verpatzte.
- Wollen Sie den Wert eines Monats kennen? Fragen Sie die Mutter eines zu früh geborenen Kindes.
- Wollen Sie den Wert einer Woche kennen? Fragen Sie den Chefredakteur Ihrer Lieblingszeitschrift.
- Wollen Sie den Wert einer Stunde kennen? Fragen Sie Verliebte, die ihr Rendezvous herbeisehnen.
- Wollen Sie den Wert einer Minute kennen? Fragen Sie jemanden, der den Zug verpasst hat.
- Wollen Sie den Wert einer Sekunde kennen? Fragen Sie einen Autofahrer, der gerade einen Unfall verhindert hat.

▶ Wollen Sie den Wert einer Zehntelsekunde kennen? Fragen Sie den Gewinner einer olympischen Silbermedaille.

Schätzen Sie jeden Augenblick, der Ihnen bleibt. Schätzen Sie ihn umso mehr, wenn Sie ihn mit jemandem geteilt haben. Und vergessen Sie nicht: Die Zeit wartet nicht. Gestern ist Geschichte. Morgen ist ein Mysterium. Heute ist ein Geschenk. Wir nennen es Gegenwart.

Sekunde um Sekunde

Unser Schicksal ist eine Kette unendlich vieler, gleich langer Sekunden. Gute Zeiten, schlechte Zeiten reihen sich aneinander. Sie bilden die Zyklen unseres Leben. Vier, fünf, sechs, sieben – manche Biologen und Philosophen teilen das menschliche Dasein in acht unterschiedliche Perioden. Einig sind sich alle: Für Jugend, Erwachsensein oder Alter gibt es keine allgemein gültigen Maßstäbe. Der längst ergraute US-Fernsehjournalist Larry King verband die Ankündigung seines 1000. Live-Interviews für den Sender CNN mit der Bemerkung: »Ich laufe mich immer noch warm.«

Mit 63 zu alt für den Bildschirm

Der Autor und Moderator der beliebten ARD-Sommershow »Immer wieder sonntags«, Max Schautzer, fuhr mit Tempo 140 auf der Autobahn von Köln zu einem Theaterauftritt in Ahaus, als sein Handy läutete. Es war der 2. Februar 2004. Der Abteilungsleiter Unterhaltung des SWR teilte ihm mit: Es werde auch diesmal wieder eine Staffel von zehn Terminen geben. Aber ohne Schautzer. Man wolle die Sendung verjüngen. Er sei zu alt. Schautzer war gerade 63.

In einer ganz persönlichen Antwort auf den Jugendwahn der Gesellschaft wählte er eine Stimmungsbeschreibung als Titel seines Buches: »Rock'n'Roll im Kopf, Walzer in den Beinen«.

Geburtsstunden

Dass Babys häufig morgens geboren werden, entspricht sehr stark dem circadianen Rhythmus der werdenden Mutter: Es gibt Hormone, die Wehen hemmen, und solche, die sie verstärken. Nachts haben die auslösenden die Oberhand. Wird dieser Rhythmus nicht gestört, kann eine Entbindung bis zu 90 Minuten rascher gelingen.

Die verschiedenen Lebensabschnitte

Innere Rhythmen sind bereits vor der Geburt ausgeprägt. Das Ungeborene, das im Mutterleib helles Licht noch nicht wahrnehmen kann, empfängt dennoch Informationen darüber, ob Tag ist oder Nacht, über das Melatonin der Mutter.

Neugeborene entwickeln ihren stabilen Schlaf-wach-Rhythmus so richtig erst mit sechs Monaten – zum Leidwesen der Eltern. Danach reift eine angeborene Veranlagung zum Langschläfer oder zum Kurzschläfer erst wirklich aus. Ab dem fünften Lebensjahr scheinen biologische Funktionen, die unser Körper nachts vollbringt, an Bedeutung und Umfang abzunehmen. Jedenfalls kommen wir mit weniger und weniger Schlaf aus – pro Jahr um eine Viertelstunde. Einen Höhepunkt erreicht diese Verwandlung im Teenageralter. Heranwachsende können wie niemals wieder in ihrem Leben Aktivitäten bis tief in die Nacht hinein ausdehnen und entsprechend lange in den Tag schlafen. Sie zeigen die Merkmale klassischer Nachteulen.

Auch in den folgenden Jahrzehnten bestimmt unser Lebensstil den Rhythmus. Lassen wir den inneren Regulatoren weitgehend freien Lauf, stimmen sie sich gut aufeinander ab. Verdauung, Entgiftung, Fortpflanzung benötigen unsere Hilfe nicht. Schlafstörungen plagen uns in der Regel erstmals im mittleren Alter. Zeitgleich wächst das Bedürfnis, tagsüber öfter ein Auge zu zumachen.

Zwei Lebenshälften

Philosophen vertreten die Ansicht: Die erste Lebenshälfte dient unserer Verwicklung mit der Umwelt. Wir bewerten sehr stark, was von außen auf uns zukommt. Schuld sind die anderen – typische Gedanken dieser Phase. Ab der Lebensmitte bejahen wir eine Periode der Entwicklung. Schuldprojektionen werden allmählich zurückgenommen. Wir übernehmen mehr Verantwortung für uns selbst. Wir bilanzieren unsere Persönlichkeit. Fragen, die dazu passen: Welche Eigenschaften besitze ich? Welche Menschen ziehe ich durch mein Verhalten an? Welche Maßstäbe lege ich bei anderen an?

Ein Konzept der Lebensphasen

Jede einzelne Lebenssequenz erstreckt sich grob über 25 Jahre. Aber sie überlappen sich. Eine neue ist bereits auf dem Weg, während die vorhergehende zu Ende geht.

- **Kleinkind:** 0 bis 5 Jahre
- **Kindheit und Jugend:** 3 bis 22 Jahre
- **Frühes Erwachsensein:** 17 bis 45 Jahre
- **Mittleres Erwachsensein:** 40 bis 65 Jahre
- **Spätes Erwachsensein:** 60 und mehr Jahre
- **Phasen des Übergangs:** die Jahre 3 bis 5, 17 bis 22, 40 bis 45, um das 60. Lebensjahr herum und etwa bei 80 Jahren

Spitze mit 20

Um das 20. Lebensjahr herum erreichen die meisten biologischen Funktionen ihre Höchstwerte, ebenso Kraft, sexuelle Ausdauer und das Leistungsvermögen des Herzens sowie Intelligenz und viele andere Fähigkeiten, die sich in der Jugend herausbilden: Erinnerung, abstraktes Denken, spezielle Begabungen.

21 bis 32 Jahre

Beginnt mit dem Eintritt in das dritte Lebensjahrzehnt die wertvollste Periode im Leben einer Frau? Wenn wir die Maßstäbe der Reproduktionsmedizin (Fortpflanzungsmedizin, die sich mit »künstlicher Befruchtung« und ähnlichen Behandlungsmethoden beschäftigt) anlegen, ja. »Werden Sie Spenderin von Eizellen für 8000 Dollar!«, lautet die Botschaft in Lifestyle-Magazinen wie »New York«. Bedingung: Gesundheit und ein Alter zwischen 21 und 32 Jahren. Das ist aber nicht die Zeitspanne, in der Sexualorgane ihre Hochphase haben – sondern die Bauchspeicheldrüse und die Nebennieren.

Der Organismus folgt eigenen Gesetzen. Drüsen wie die Hypophyse beherrschen die Phase der Pubertät – und dann wieder ab dem 65. Lebensjahr. Jedes Alter hat seine eigenen hormonellen Beschwerden.

Es ist vielleicht interessant anzumerken: Dass der weibliche Organismus nur über einen relativ kurzen Zeitraum hinweg Leben schenken kann, ist alles andere als ein Makel. Die Evolution berücksichtigt, dass jedes Neugeborene eine gewisse Zeitspanne lang seine Mutter braucht. Also wäre es wenig sinnvoll, ihre Fortpflanzungsorgane bis zum Tode aktiv zu halten, wie es in jeder Gattung der Tierwelt praktiziert wird.

Vor und nach dem 40. Lebensjahr

Unsere biologischen Top-Werte bleiben nahezu zwei Jahrzehnte lang, bis etwa zum 40. Lebensjahr, unverändert. In dieser Phase entscheiden die Gehirnbotenstoffe in ihrer Gesamtheit über einen Faktor unseres Schicksals, den Philosophen den Traum nennen. Wir sagen beispielsweise: »Er übertraf seine wildesten Träume.« Oder: »Er träumte von einer Welt, die es für ihn nie gab.« Der amerikanische Prediger und Bürgerrechtler Martin Luther King räumte seiner Fantasie die zentrale Rolle in seiner historischen Rede »Ich habe einen Traum« ein.

Um das 40. Lebensjahr herum setzt dann eine kritische Veränderung ein. Biologisch betrachtet, wird sie nicht mit einem bestimmten Ereignis in Verbindung gebracht – wie etwa Pubertät mit dem Erreichen des Erwachsenenalters. Auch die Menopause der Frau gilt nicht als herausragender Einschnitt in ihr Leben. Ereignisse wie Scheidung, Depression, Krankheit oder, was »das leere Nest« genannt wird, haben einen viel tieferen Einfluss, unabhängig von dem Alter, in dem wir sie erleben.

Gut schlafen – auch im Alter

Mit zunehmendem Alter geraten Regulationssysteme unter dem Einfluss störender Zeitgeber mehr und mehr aus dem Takt. Der Eintritt in die Rentenphase bringt zusätzlich den Verlust geregelter Tagesabläufe mit sich. Häufig treten deshalb Schlafprobleme auf. Selbstdisziplin schafft da verblüffende Abhilfe. Betroffene profitieren von einem individuellen, regelmäßigen Stundenplan.

Jünger, gleich alt, älter

Der Erwachsene empfindet eine andere Person als gleich alt, wenn diese nicht mehr als sechs bis sieben Jahre älter oder jünger ist. Menschen, die 12 bis 15 Jahre auseinander sein können, werden von uns immer noch der eigenen Generation zugeordnet, wenn wir altersmäßig dazwischen liegen. Bei 8 bis 15 Jahren in der einen oder anderen Richtung denken wir gefühlsmäßig an eine halbe Generation Unterschied. 20 Jahre und mehr sind eine Generation. Ist eine Person 40 Jahre älter oder mehr, trennen uns bereits zwei Generationen.

Die University of Pittsburgh berichtete über eine Untersuchung eines Phänomens bei älteren Nonnen. Sie schlafen ausgezeichnet, da ihre Hell-dunkel-Zeiten streng strukturiert sind.

Ein anderes Konzept der Lebensphasen

Der spanische Philosoph José Ortega y Gasset vertrat ein Konzept von fünf Lebensphasen:

- **Kindheit:** 0 bis 15 Jahre
- **Jugend:** 15 bis 30 Jahre
- **Einführung:** 30 bis 45 Jahre
- **Dominanz:** 45 bis 60 Jahre
- **Hohes Alter:** 60 Jahre und mehr

Einführung und Dominanz sind Ortegas Meinung nach die kritischsten Lebensphasen, sowohl für den Einzelnen, als auch für die die Gesellschaft. Sobald eine junge Protestgeneration in Erscheinung tritt, fällt das historische Ergebnis zulasten der beiden älteren aus.

Ein merkwürdiges Phänomen hebt den Beginn eines jeden Lebensjahres mit einer Null am Ende besonders heraus. Weil wir im Lauf unseres Erwachsenenalters keine zehn runden Geburtstage bewusst erleben, haben sie alle einen besonders hohen Stellenwert für uns.

Das Konzept der acht Ego-Phasen

Der deutsch-amerikanische Psychologe Erik Erikson glaubte an acht Ego-Phasen. Einige widmete er dem Kampf zwischen Intimität und Isolation, zwischen Zeugungskraft und Stillstand sowie zwischen Unversehrtheit und Verzweiflung.

Goethe-Prinzip

Johann Wolfgang von Goethe legt 1814 in seiner Schrift »Selige Sehnsucht« für immer und ewig fest, dass Loslassen und Neuanfang die wertvollste Spannung im menschlichen Schicksalsbogen sind:

«Und so lang du das nicht hast,
dieses: Stirb und Werde!
Bist du nur ein trüber Gast
auf der dunklen Erde.«

Das Alter

Der Mensch wird mit 50, 60 oder 80 nicht plötzlich alt. Vieles erinnert ihn an das Ende des Daseins, des längsten menschlichen Zyklus – vor allem die Häufigkeit von Krankheit und Tod unter jenen, die er liebt. Weniger wird er die großen Alten, wie Adenauer, Mao Tse-tung, Ben Gurion, Gandhi, de Gaulle, Rockefeller, als ein Vorbild betrachten.

Ältere Menschen berauben sich in der Mehrzahl intensiver als andere des wichtigsten Zeitgebers: der Natur. Sie verbringen mehr Zeit als bisher in der Wohnung. Der Organismus verliert eine seiner bedeutendsten Orientierungen. Den Effekt können wir an unseren Zyklen messen, am deutlichsten an jenen, die sich Tag für Tag wiederholen. Die Körpertemperatur erreichte in den zurückliegenden Dekaden ihren Tiefpunkt gegen 3 Uhr früh. Nun würde ein Thermometer den gleichen Zustand schon am frühen Abend ermitteln. Das ist eine dramatische Verschiebung!

Wissenschaftler vermuten, dass auch andere Zyklen aus dem Lot geraten. Nahe liegend betrifft es jene, die durch soziale Kontakte gesteuert werden, wie beispielsweise die Essenszeiten. Vermutlich hängt die nächtliche Unruhe älterer Menschen und die morgendliche Bettflucht auch mit derartigen Faktoren zusammen.

Das späte Alter bringt unausweichlich die Konfrontation mit der Bilanz des Lebens. Es ist wie ein Blick von der Brücke, ehe die inneren Uhren versagen. Der Psychologe Erikson betont, wie wichtig es sei, einen Sinn in seinem Dasein zu finden. Wem dies gelänge, der lebe ohne Bitterkeit und Enttäuschung. Was immer unsere Werte waren – keiner kann sie zur Gänze erfüllen.

Fokus Forschung: Wichtige Null

Die Anzahl 10 (griechisch: deka, lateinisch: decem) ist die bevorzugte wissenschaftliche Zeiteinheit. Internationale Erhebungen werden in Zehn-Jahres-Schritten erfasst und ausgewertet, den Dekaden. Die Dekadik prägt auch das Dezimalsystem.

Ständig tickt die Lebensuhr

Platz machen für die nächste Generation – aber wann?

Die ehemalige amerikanische First Lady Nancy Reagan erlebte an Weihnachten 1988 eine Phase schwerster Prüfung. Am 20. Januar 1989 sollte die Amtszeit des 40. Präsidenten der Vereinigten Staaten enden – aber bis dahin schwebte er täglich in größter Lebensgefahr. So verhieß es zumindest ein eigenartiger Fluch. Er lastete auf dem Schicksal eines jeden Präsidenten, der in einem Jahr mit einer Null am Ende der Jahreszahl gewählt worden war. Die Voraussage lautete: Diese Präsidenten sterben im Amt.

Seit 1860 hatte sich diese Prognose ohne Ausnahme für jeden Machthaber im Weißen Haus erfüllt. Zwei Amtsträger starben sogar eines gewaltsamen Todes: Abraham Lincoln, gewählt im Jahre 1860, und John F. Kennedy, Wahlsieger von 1960. Ronald Reagan war am 5. November 1980 ins Amt gewählt worden. Keine fünf Monate später schoß der geistig verwirrte John Hickley dem Präsidenten eine Kugel in die Brust.

Während Amerika den Atem anhielt, stellte der Angeschossene dem zur Notoperation bereiten Chirurgen eine Frage, die um die Welt ging: »Ich hoffe, Sie sind Republikaner!« Nancy Reagan fand diesen Hinweis des Schicksals weniger komisch. Sie war bis ans Ende der Amtszeit hoffnungslos in die Sorge verstrickt, dass sich die unheimliche Serie an ihrem Mann wiederholen werde – was sie aber bekanntermaßen nicht tat.

Das Ende des Lebensbogens

Nur wenige Menschen haben stets vor Augen, dass der Lebensbogen nicht nur einen Beginn, sondern auch ein Ende besitzt. »Plötzlich und unerwartet« ist die häufigste Wortwahl in Todesanzeigen. Die meisten von uns würden leugnen, dass ein Organismus – so lange er gesund ist – überhaupt seine Tätigkeiten beenden kann.

Heilung und Tod

Auf die Frage: »Ist es möglich, geheilt zu sterben?«, antwortet der amerikanische Naturmediziner, Heiler und Buchautor Dr. Andrew Weil ohne Zögern: »Warum nicht? Heilung und Tod schließen sich nicht aus. Viele Überlieferungen aus vergangenen Tagen, besonders in der buddhistischen Tradition, berichten von einem natürlichen Übergang von Heilung in den Tod. Dafür gibt es keine Parallele in unserem Gesundheitswesen, wo Ärzte das Sterben als den größten Gegner betrachten, den sie mit allen Waffen der modernen Medizin bekämpfen.«

Die Jugend verlängern oder den Jüngeren Platz machen?

Die Spanne eines natürlichen Lebens ist der längste Zyklus, der uns beherrscht. Vom Beginn der Überlieferungen an wissen wir: Der Mensch strebte immer schon nach einem längeren Leben. In alten Romanen bedeutete das im Durchschnitt: mehr als 22 Jahre. Bereits etwa 2600 Jahre vor unserer Zeitrechnung wurde in Ägypten eine Schrift darüber verfasst, wie ein alter Mann seine Jugend wieder erlangen könne.

Das unvermeidliche Ende des Lebensbogens wurde in der westlichen Auffassung als endgültiger Schritt betrachtet, für die Jüngeren Platz zu machen. Das moderne Konzept eines langsamen Sterbens in einem Pflegeheim ist eine bedrückende Vision. Asiatische Philosophien preisen dagegen die Kräfte des Widerstands als Prüfungen auf der Reise in die Unsterblichkeit.

Sterbealter – statistisch gesehen

Die Statistik unserer durchschnittlichen Lebenserwartung wird hauptsächlich von einem Faktor geprägt: wie wenig rasch die Jüngeren sterben. In hoch entwickelten Gesellschaften wie der unseren gibt es den Begriff der »Sterblichkeitsverdoppelungsphase«. Ein einfaches Beispiel soll erläutern, was sich hinter dieser Bezeichnung verbirgt:

Stellen wir uns einen Mensch von 40 Jahren vor. Die Prognose, dass er in diesem Alter sterben wird, hat eine bestimmte, sehr geringe mathematische Größe. Schon sieben bis zehn Jahre später ist diese Wahrscheinlichkeit doppelt so groß. Wieder sieben bis zehn Jahre später ist sie viermal so groß usw. Das bedeutet: Ein 60-Jähriger hat das doppelte Sterberisiko eines 50-Jährigen und das vierfache eines 40-Jährigen.

Warum wir sterben

Warum ist der Lebensbogen eines jeden Menschen endlich? Philosophen und Wissenschaftler geben hierauf drei unterschiedliche Antworten:

1. **Wir sterben** zum Wohle der nächsten Generation.
2. **Wir sterben,** weil wir unsere Energien verbrauchen. Der Altersforscher Raymond Pearl formulierte das so: »Lebe schnell, stirb jung.«
3. **Für die Evolution** sind wir Menschen nicht mehr vital bedeutend, sobald unsere Gene an die nächste Generation weitergegeben wurden.

Das geballte Auftreten von Herz-Kreislauf-Versagen oder der Alzheimer-Krankheit im hohen Alter unterstreicht die dritte Theorie. Krebs, Diabetes Typ 2 oder Arthritis treffen selten einen jungen Menschen. Die Natur lässt uns genügend Zeit für Sexualität – danach sind wir nicht mehr unverzichtbar. Der Tod ist überwiegend mit genetischen Defekten verbunden, die nichts mit der Fortpflanzung zu tun haben.

Während wir uns gegen die Auswirkungen des Alterns zur Wehr setzen, führen wir erstmals in der Geschichte der Menschheit einen Krieg gegen ein Naturgesetz. Die Natur kennt so etwas wie unser Altern nicht. Pflanzen und Tiere vermehren sich kontinuierlich bis ans Ende ihres Daseins.

Das Sterbealter im Wandel der Jahrtausende

Unsere Lebenskurve ist das Ergebnis unterschiedlicher Ebenen der Zivilisation. »Rasch tritt der Tod den Menschen an«, dichtete ein großer deutscher Schriftsteller. Das war besonders zutreffend im Altertum.

- Etwa im Jahr 1000 vor Chr. reichte die Lebensspanne in die niedrigen 20er-Jahre.
- Es dauerte danach rund 3000 Jahre (bis 1900), ehe sich ein Sterbealter um die 46 Jahre entwickeln konnte. Wir sprechen von genau 25 Lebensjahren mehr. Damals starben drei von vier Menschen vor Erreichen des Pensionsalters.
- Danach dehnte sich unser Daseinsbogen in nur einem halben Jahrhundert um weitere 25 Jahre aus. 1950 galten 72 Jahre als durchschnittliche Lebenserwartung.
- Inzwischen besagen Schätzungen: Mehr als 75 Prozent der heute Lebenden werden erst nach ihrem 80. Geburtstag Platz machen für die nächsten Generationen.

Die Ordnung der Zeit

Schauen wir uns ältere Schriften näher an, können wir feststellen: Die Sterberate der Generationen untereinander hat sich in den zurückliegenden 200 Jahren kaum geändert. In jedem Detail der unvorstellbar genialen Leistungen unserer Organe erkennen wir eine Ordnung, die man Zeit nennt. Es reicht aber nicht, seine Uhren zu betrachten und Termine festzulegen. Dr. Gay Gaer Luce, einer der ersten Lebenszeitenforscher, rät jedem von uns dringend: Nimm deine eigenen Zyklen wahr, im Interesse deiner Gesundheit. Bereits 1971 legte Dr. Luce sein erstes Buch über Körperrhythmen vor.

Zeit ist relativ

Zeit ist schon deshalb kein ausreichender Taktgeber, da sie relativ ist. Albert Einstein hat dem Phänomen der Relativität der Zeit neue Erkenntnisse abgerungen. Dank Einstein ist es wissenschaftlich unstreitig, was auf den ersten Blick im Gegensatz zum gesunden Menschenverstand zu stehen scheint: Uhren laufen langsamer, wenn sie bewegt werden. Uhren laufen langsamer, wenn sie sich in der Nähe schwerer Massen, etwa eines Planeten befinden.

Ein Beispiel für die Relativität der Zeit

Zur Veranschaulichung dient auch das Phänomen vom Bahnsteig: Ein Mann steht exakt in der Mitte eines haltenden Zuges. An der Lok vorne und am letzten Waggon befindet sich je eine Lichtquelle. Beide blitzen absolut identisch in bestimmten Abständen auf. Der Zug setzt sich in Bewegung. Das vordere Blitzlicht entfernt sich vom Betrachter. Die Strecke, die das Licht zu seinem Auge zurückzulegen hat, wird länger. Die Zeit, die es zurücklegen muss, ebenfalls. Das rückwärtige Blitzlicht nähert sich währenddessen dem Betrachter. Die Strecke, die das Licht zu seinem Auge zurückzulegen hat, wird kürzer – bis der Wagen mit der Lichtquelle den Betrachter passiert. Die Zeit, die dieses Blitzlicht zurücklegen muss, wird ebenfalls kürzer. Während beide Blitzlichter weiterhin im identisch selben Augenblick aufleuchten, »geht« das rückwärtige Licht um Sekundenbruchteile vor.

Die Worte Salomos

König Salomo galt im Orient als das Idealbild eines weisen und mächtigen Herrschers. In einer seiner Predigten riet er seinen Untertanen: »Ein jegliches hat seine Zeit und alles Vornehmen unter dem Himmel hat seine Stunde: Geboren werden hat seine Zeit und Sterben, Pflanzen hat seine Zeit und Ausrotten, das gepflanzt ist.«

Physiker bieten zum einfachen Verständnis der Zeitrelativität dieses Modell an. Die Helden hierbei sind Zwillinge. Einer unternimmt in einem Raumschiff eine lange Zeitreise mit Lichtgeschwindigkeit. Der andere bleibt auf der Erde zurück. Nach der Rückkehr aus dem Weltall wird der reiselustige der beiden viel jünger sein als sein Bruder!

Ein Redaktionsteam der WDR-Sendung »Quarks & Co.« machte die Nagelprobe. Die Journalisten schickten die Cäsiumuhr Hewlett-Packard HP 5071A in einem Lufthansa-Airbus von Frankfurt nach Boston und wieder zurück. Die Cäsiumuhr misst die Zeit in Nanosekunden, das sind Milliardstel der Sekunde. Ein Vergleich mit einer bei der Physikalisch-technischen Bundesanstalt in Braunschweig verbliebenen Uhr ergab: Die Reiseuhr war während des Fluges um 28 Milliardstel Sekunden zurückgeblieben.

Es gibt eine Lebensuhr, für jeden von uns. Sie misst jedoch nicht in Sekunden. Sie folgt biologischen Impulsen.

Programmierter Tod

Das vielleicht herausragendste Beispiel von schicksalhaftem Leben und Sterben verkörpert das Dasein des Pazifiklachses. Er entwickelt zu einem bestimmten Zeitpunkt den unauslöschlichen Wunsch, an die Stätte seiner Geburt zurückzukehren. Dafür nimmt er die Überwindung größter Widerstände in Kauf. Nach dem Laichen setzt mit unglaublicher Dynamik ein Alterungspozess ein. Der Lachs stirbt innerhalb weniger Tage. Eine ähnliche Todesprogrammierung unmittelbar nach der Begattung weisen einige Beuteltiere auf. Der Auslöser für das schnelle Ende konnte ermittelt werden. Es sind Hormone aus der Nebennierenrinde. Ihre Intensität schnellt förmlich in die Höhe. Das bedeutet das rasche Aus für die meisten Körperfunktionen, allen voran für die Systeme der Immunabwehr. Es scheint, als habe sich der Sinn des Lebens erfüllt. Für das Tier? Für die Gattung? Für das Universum?

Ein ähnliches Abschiednehmen kennt man aus seltenen Fällen besonders enger Lebensverbindungen: wenn ein Partner stirbt und der verbliebene innerhalb weniger Wochen nachfolgt.

Fokus Forschung: Anti-Aging

Noch nie stand die Menschheit vor einer vergleichbaren Herausforderung wie jenen durch die Alterspyramide. Chronobiologie und Anti-Aging-Medizin geben unseren Jahren mehr Leben. Unser Potenzial des gesunden Älterwerdens ist noch lange nicht ausgeschöpft. Einen halb intellektuellen, halb humorvollen Beitrag liefert der Stammzellforscher Dr. Jonas Frisen vom Karolinska Institut, Stockholm. Er hat eine Formel zur Berechnung des biologischen Durchschnittsalters eines menschlichen Körpers entwickelt. Der allergrößte Teil unserer Gewebebestandteile erlebt eine kontinuierliche Erneuerung. Manche unserer Zellen wurden gar erst vor wenigen Augenblicken geschaffen. Nur eine winzige Minderheit der Zellen hält vom Augenblick der Geburt bis zum letzten Atemzug durch und ist tatsächlich so alt wie unser amtliches Alter. Alle anderen sind jünger, die meisten sogar wesentlich. Unterm Strich liegt nach Meinung von Dr. Frisen unsere augenblickliche Existenz bei durchschnittlich zehn bis elf Jahren!

Alles zu seiner Zeit

Der Mensch ist eine Uhr. Eine? Nein, Tausende!

»Chronos« bedeutet Zeit. »Bios-Logos« ist die Lehre vom Leben. Die Chronobiologie ist also die Wissenschaft der Lebenszeiten. Geburt und Tod, Fortpflanzung und Wachstum, Schlafen und Wachen – alles unterliegt genau erkennbaren Rhythmen. Sie wirken in jeder Funktion unserer Organe weiter: im Hörvermögen des Ohres ebenso wie in der Geschicklichkeit unserer Finger; im Wachstum unserer Nägel genau so wie in der Zellerneuerung der Haut. Entsprechend unterliegt auch die Prägung unserer Gefühle Strukturen der Zeit. Sie entstehen in unserem Körper. Sie spiegeln äußere und regelmäßige Erscheinungen wieder: den Tag-Nacht-Wechsel durch die Rotation der Erde, die Mondphasen, die Gezeiten der Ozeane, den Bogen der Jahreszeiten. Wie am Beispiel des Meeres sehen wir die großen Wellen. Dass sie sich aus unzähligen kleinen zusammensetzen, sehen wir nicht.

Die inneren Taktgeber des Menschen

Unermüdlich forscht die moderne Wissenschaft nach inneren Taktgebern des menschlichen Organismus. Sie folgen unterschiedlichen Naturgesetzen – biologischen, biochemischen, biophysikalischen und auch psychischen. Rhythmen lassen sich durch eine Vielzahl mathematischer Verfahren als Schwingungen entlang von Kurven nachzeichnen. Welche bedeutender sind als andere und wie sie miteinander harmonieren, ist längst nicht voll erkannt. Erst rund 100 periodische Veränderungen sind beim Menschen nachgewiesen. In Wahrheit sind es Tausende, Zehntausende, vielleicht Myriaden. Vermutlich gibt es überhaupt keinen einzigen Vorgang in unserem Körper ohne Anfang und ohne Ende und ohne Wiederholung in einem Abstand, der Sinn macht, auch wenn wir ihn noch nicht begreifen mögen.

Der Mensch ist eine Uhr

Der hoch angesehene Chronobiologe Professor Dr. Franz Halberg von der University of Minnesota hat dem augenscheinlichsten Rhythmus bereits 1959 einen markanten Namen gegeben: circadian – nach den lateinischen Begriffen circa (ungefähr) und dies (Tag). Von ihm stammt die prägnante Formel: »Der Mensch ist eine Uhr.« Der aus Österreich stammende Wissenschaftler ist überzeugt, dass wir die biologischen Rhythmen für Therapien nutzen können.

Die vier Hautwirkungsbereiche

Vier rhythmisch arbeitende Netzwerke des menschlichen Körpers repräsentieren mit ihren Erregungspotenzialen die Hauptwirkungsbereiche.

- Einzelne Systeme liegen unmittelbar in der Nähe des Organs, das sie beherrschen (para-chron).
- Andere stehen in direkter Verbindung zu einem Teil unseres Gehirns und regulieren bestimmte Funktionen auf Distanz (endochron).
- Wieder andere Systeme übersetzen äußere Impulse in körperinnere Rhythmen (exo-chron).
- Oder sie harmonisieren verschiedene Zyklen innerhalb eines Organs oder einer Funktion (syn-chron).

Taktgeber des Herzens

Die genannten Netzwerke sind für die einzelnen Funktionseinheiten von unterschiedlicher Bedeutung. Der jeweils am stärksten unabhängige Schrittmacher steuert die Erregung des jeweiligen Organs. Ein Beispiel: Direkt nahe der Einmündungsstelle der oberen Hohlvene bestimmt der so genannte Sinusknoten die Schlagzahl des Herzens: normalerweise 60 bis 100 pro Minute. Seine Erregungsimpulse erreichen über Nervenfasern weitere Schrittmacher. Nach jedem Herzschlag nimmt der Herzmuskel eine Auszeit von etwa 0,3 Sekunden. In dieser Ruhephase kann er durch nichts erregt werden. So schützt der eigene Rhythmus das Herz vor zu schneller Aktion. Fällt jedoch dieser Rhythmus aus, übernimmt augenblicklich ein anderer Taktgeber diese Aufgabe – und die Person leidet an Herzrhythmusstörungen.

Taktgeber der Atmung

Das Herz arbeitet automatisch und fast unaufhaltsam, unsere Atmung dagegen nicht wirklich im gleichen Maß – wir können sie bis zu einer Minute aussetzen. Ihre Steuerung ist direkt am Gehirnstamm angesiedelt. Sie beherrscht nicht allein eine Luftpumpe: Atemsystem und Psyche stehen in einem mysteriösen Zusammenhang. Beim ruhig liegenden Menschen verraten die Bewegungen der Atmung und die Muskelspannung sehr viel über sein Befinden. Wir atmen etwa alle sechs Sekunden. In der vom Fernen Osten inspirierten Atemmassage greifen Therapeuten durch Berührung der Muskeln in diese Impulse des Gehirns ein.

Taktgeber des Verdauungstrakts

Ein völlig unabhängiges Nervenzentrum im Magen-Darm-Bereich steuert über Faserleitungen in einheitlichen Schwingungen den kompletten Nahrungstransport vom Schluckapparat bis zur Peristaltik, den rhythmischen Bewegungen des Darmes. Beim Säugling ist die Phase des Ausscheidens noch nicht kontrolliert und willentlich – im hohen Alter häufig nicht mehr: Die sozialen Vorgaben werden vergessen oder können nicht mehr eingehalten werden.

Taktgeber des craniosakralen Systems

Ein viertes Aktionssystem sehen Osteopathen in der Funktionseinheit von Schädel, Rückgrat und Kreuzbein, gemeinsam verbunden durch das geschlossene System des Rückenmarks. Diese Funktionseinheit wird als craniosacrales System bezeichnet. Sechs- bis zehnmal pro Minute fungieren die Schädelplatten als eine Art Pumpe, etwa beim Kauen oder Sprechen. Schwingungen des Gehirnwassers erreichen über das Rückenmark Nerven, Gefäße, Atemwege und Lymphbahnen. Auch in diesem Bereich weisen Tastimpulse den Weg zu Blockaden und Verspannungen.

Der SCN als Dirigent

Alle diese Energiesysteme haben ihre eigene Arbeitsgeschwindigkeit. Das erfordert eine Harmonisierung durch eine Art Dirigentenuhr: die Suprachiasmatischen Nuclei (SCN; siehe dazu auch Seite 29) oberhalb des Kreuzungspunkts der Sehnerven. Er nimmt die innere Abstimmung vor und leitet den Hauptwirkungsbereichen kontinuierlich spezielle Steuerungsinformationen zu. Geregelt wird dieser Taktgeber vorwiegend über das Tageslicht und die Jahreszeit.

Wie ein Orchester

Philosophen vergleichen das Miteinander der Hauptwirkungsbereiche mit einem Orchester. Jedes Instrument hat seine ganz eigene Schwingung. Deshalb muss ein Dirigent den Taktstock schwingen. Der Sonne fällt die Aufgabe des Produzenten zu: Der externe Zeitgeber bestimmt, wann die Aufführung zu beginnen hat. Ist ein Instrument verstimmt oder außer Takt oder gar der Dirigent nicht einsatzbereit, hat der Körper ein Problem …

Die deutliche Sprache des Körpers

Herzinfarkte ereignen sich überwiegend zwischen 10 und 12 Uhr. Asthmaanfälle häufen sich nachts. Das Gehirn ist im letzten Drittel der Nacht besonders störungsanfällig. Verkehrsunfälle ereignen sich zwischen 3 und 4 Uhr früh 16-mal häufiger als zur sichersten Stunde am späten Vormittag – auch wenn die Unfallfahrer davor acht Stunden Schlaf hatten ...

Es dauerte mehrere Jahrzehnte, bis sich die Ansichten der Chronobiologen gegen Skeptiker durchsetzen konnten. Heute ist dieses Wissensgebiet anerkannt und in vier Disziplinen aufgeteilt:

Die Chronomedizin erforscht die Veränderungen im Körper vor und bei der Entstehung von Krankheiten. Sie berücksichtigt sie bei der Diagnose (ein Laborwert muss unbedingt unter dem Aspekt der jeweiligen Tageszeit bewertet werden). Und sie nutzt sie bei der Behandlung.

Die Chronopharmakologie hält nichts vom stereotypen »dreimal täglich«. Das gleiche Medikament entwickelt ihrer Auffassung nach unterschiedliche Effekte. Je nach Zeitpunkt im Rahmen des dominierenden Rhythmus – sei es der Tag-Nacht-Wechsel, ein kürzerer oder ein längerer. Die Anpassung der Arzenimittel durch die Chronobiologie kann stärkere Einflüsse bei geringeren Nebenwirkungen erzielen.

Die Chronohygiene entwickelt eine natürliche Zeitordnung als weitere Möglichkeit der Erhaltung unseres Wohlbefindens. Wer gegen seine ihm innewohnenden natürlichen Zyklen lebt, riskiert krank zu werden. Eine Auffassung, die schon der Gründer der Ärzteschule von Kos und Vater der wissenschaftlichen Heilkunde, der Grieche Hippokrates vor rund 2400 Jahren vertrat: »Unregelmäßige Körperfunktionen oder Gewohnheiten schaffen ungesunde Bedingungen.«

Die Chronopsychologie ist den Rhythmen unserer Gefühlswelt auf der Spur. Zwei Menschen begegnen sich, sie harmonieren, vielleicht verlieben sie sich ineinander. Nach einiger Zeit beginnen sich die Rhythmen ihrer Körper anzugleichen, z. B. der 90 bis 120 Minuten umfassende Aktivitätszyklus. Er endet ja mit einer Art Ruhefenster und wiederholt sich mehrmals am Tag. Wenn wir uns in Anwesenheit des Gegenübers wohl fühlen, werden unsere Bewegungen flüssiger und Bewegungen ähneln sich. In Zeitlupe würde das wie gekünstelt wirken. Dabei ist es pure Natur.

Auch Schmerz folgt bestimmten Rhythmen

Einzelne Organbereiche, auch mit eigener Zeitstruktur, stehen dennoch in harmonischer Beziehung zueinander. Untereinheiten steuern eigene zeitliche Programme. Muskeln bewegen die Magenwände alle 20 Sekunden. Jedes dritte Zusammenschnüren erfasst auch den Magenboden. Bei jeder vierten Bewegung der Magenwände wird auch der Zwölffingerdarm zusammengezogen. Dies alles geschieht völlig unbemerkt durch uns, getreu dem Motto: »Einen gesunden Magen spürt man nicht.« Nervenverbindungen enden an speziellen Sensoren in der Leber. Ihre Informationen sind die Basis zur Koordination mehrerer Abläufe. Schmerzanfälle im Bauchraum könnten der Partitur eines genialen Komponisten entnommen sein. Sie erfolgen in Zeitabständen, die wir aus der Musik kennen und schätzen. Das gilt bis zu Harnleiterkrämpfen.

Hypnosefenster

Hypnosemagier wissen: Im Abstand von rund eineinhalb Stunden schaltet unser Organismus auf Ruhephasen. Sie versetzen uns, biologisch gesehen, minimal leicht in Trance.

Der innere Wecker

Am frühen Morgen wäre eine unserer biologischen Ruhephasen der ideale Zeitpunkt für das Alarmläuten des Weckers. In diesen Minuten fällt das Aufstehen wesentlich leichter. Sie entsprechen sozusagen einem inneren Wecker. Stehen Sie normalerweise schwer auf? Dann legen Sie Ihren Start versuchsweise in Schritten von 15 Minuten nach vorne. Möglicherweise werden Sie staunen, um wie viel leichter Ihnen der Tagesanfang dann gelingt.

Gute und schlechte Zeiten fürs Gehirn

Selbst das Gehirn hat mal stärkere, mal schwächere Phasen. Damit es nicht zu bedrohlichen Ausfällen kommt, nehmen die rechte und die linke Hirnhälfte ihre Auszeit abwechselnd und nicht gleichzeitig. Das geschieht im Wechsel von rund zwei Stunden und wirkt sich auf einige spezielle Fähigkeiten aus. Ist die linke Hemisphäre dominierend, gelingt uns beispielsweise das Kommunizieren besser. Die rechte Hirnhälfte erspart uns fast den GPS-Navigator, denn sie ist perfekt in räumlichen Aufgaben. Beide gemeinsam geben ihr Bestes, ruhen sich aus, geben wieder ihr Bestes, und so fort, bis wir zu Bett gehen (siehe dazu auch Seite 80ff.).

▸ Videospiele erfordern beispielsweise ein besonderes Zusammenwirken der Augen und der Hände. Das Kurzzeitgedächtnis entscheidet über die Lernfähigkeit für einzelne Aufgaben. Sobald die Leistung mit wissenschaftlichen Methoden exakt gemessen wird, ergeben sich Täler und Gipfel.

▸ Komplizierte Anforderungen stellen unsere geistige Wachsamkeit und Kreativität auf die Probe. Sie schwanken in Wellen von etwa 90 Minuten Länge.

▸ Elektrische Kurven, die von der Körperspannung geprägt werden, zeigen regelmäßige Schwankungen. Unsere Einschätzung auch.

Erhöhte Energie lässt uns überoptimistisch werden. Menschen mit niedriger Energieleistung neigen dazu, ihre eigenen Fähigkeiten zu unterschätzen.

Die mystische Zahl 3

Früh hat der Mensch erkannt, dass die Zahl 3 in mysteriöser Beziehung zur einfachsten Form des Universums steht, dem Kreis. Ein Tropfen auf der Wasserfläche erzeugt unendlich viele Kreise. In frühen Kulturen empfanden unsere Vorfahren die Magie der Sonne und des Mondes, die auf sie herab blickten. Die Zweige und Blätter des Baumes, von oben betrachtet, formen einen Kreis. Sogar Sterne und Planeten folgen diesen Bahnen, trotz Schwerkraft und anderer Einflüsse.

Vor vier Jahrtausenden entdeckte der menschliche Geist eine Beziehung zwischen dem Kreis und seinem Durchmesser. Der Umfang beträgt etwas mehr als das Dreifache. Ein ägyptischer Schreiber namens Ahmes stellte etwa 1650 v. Chr. auf Papyrus die

Gegenwart dauert drei Sekunden

- Zeit messen wir in Stunden und Minuten und finden dafür keine Entsprechung in der Natur.
- Einige Chronobiologen glauben an eine Drei-Sekunden-Gegenwart. Wenn unser Gehirn etwas als »jetzt« empfinden soll, darf es diese Zeitspanne nicht überschreiten. Dann wäre es nicht mehr Gegenwart.
- Fernsehtexte verstehen wir am leichtesten, wenn die Sprecher nach drei Sekunden eine kleine Pause einlegen.
- Wir schütteln Hände. Wir streichen einem Kind über das Haar. Wir stampfen mit dem Fuß wütend auf den Boden. All dies dauert drei Sekunden lang.
- Indianerstämme und Buschvölker machen nach diesem Takt Musik.

erste überlieferte Berechnung jener sagenumwobenen Zahl auf, die den 16. Buchstaben des griechischen Alphabets ausmacht und als die einzige transzendente Zahl der Menschheit betrachtet wird: 3,141592 ... – Pi, Kurzfassung des Wortes periphereia, Umkreis. Diese Zahl führt in die Unendlichkeit. Mehr als 51 Milliarden Stellen nach dem Komma konnten bisher dargestellt werden. Doch die Zahl geht weiter und weiter.

Von Pi ausgehend, leiten Mystiker einen Rhythmus von 3,14 Jahren im Leben der Menschen ab. Sie beeinflusste auch die Erbauer der Cheopspyramide: Aus ihrem Winkel an der Spitze, er beträgt 76 Grad, wird auf einen 76-Monats-Rhythmus in unserem Leben geschlossen.

Zurück zu den drei Sekunden (siehe Kasten Seite 170). Sie sind, biologisch betrachtet, eine lange Zeit – immerhin ausreichend für 70 bis 100 unterschiedliche Sinneseindrücke. Nervenzellen verständigen sich mit Elektrizität. Diese Verbindungen entstehen und vergehen in winzigsten Sekundenbruchteilen. Jede einzelne wird vom Gehirn erkannt, gespeichert, verstärkt, in Befehle umgewandelt oder als Erinnerung abgelegt.

Das Beispiel Jürgen Hingsen

Am 28. September 1988 beendete das unvollkommene Zusammenspiel von Gehirn, Nervenbahnen und Muskeln abrupt und unrühmlich die Karriere eines großen deutschen Athleten. Im Olympiastadion von Seoul katapultierte sich der Zehnkämpfer Jürgen Hingsen beim 100-Meter-Lauf 0,167 Sekunden vor dem Startschuss aus den Blöcken. Eindeutig Fehlstart.

Beim zweiten Startversuch hielten Millionen Fernsehzuschauer in Deutschland bereits den Atem an. Wieder lösten sich die Spikes des Athleten vor dem Signal aus dem Startblock – nur 0,078 Sekunden zwar, doch zu früh. Diesmal hatte Jürgen Hingsen unwahrscheinliches Glück, denn dieser Fehlstart wurde in der Aufregung durch einen Irrtum dem russischen Läufer neben ihm angelastet: Er hatte sich, wohl irritiert, drei Hundertstelsekunden nach dem deutschen Kontrahenten ebenfalls bewegt, aber eben eindeutig erst als Zweiter.

In der Folge kam es zu einer dritten Fehlleistung des Bewegungsapparats von Jürgen Hingsen, die offiziell erst als sein zweiter Fehlstart gewertet wurde. Damit hatte das Schicksal ihm also eine allerletzte Chance geschenkt, doch noch seine Bestzeit von 10,7 Sekunden bei Olympischen Spielen zu wiederholen oder sogar zu toppen. Denn mehr als zwei Fehlversuche werden keinem Sportler zugebilligt.

Wieder hatte der Zehnkämpfer seinen Körper nicht im Griff. Oder aber er leistete in diesem Zustand höchster Erregung Unmenschliches. Hingsen startete diesmal nach dem Knall – und zwar mit exakt 0,099 Sekunden Reaktionszeit. Doch eine solche Blitzartigkeit ist im olympischen Leistungskatalog nicht vorgesehen. Mindestens 0,10 Sekunden müssen nach dem Startschuss verstrichen sein, wenn ein Läufer das Rennen wahrnehmbar aufnimmt! Eine Tausendstelsekunde fehlte. Das gab den Ausschlag: Disqualifikation! In der Realität benötigen nämlich selbst die allerbesten Sprinter eine längere Reaktionszeit: etwa 0,132 Sekunden.

Leistung und Glück durch den richtigen Takt

Der Mensch ist eben keine Maschine. Wer die natürlichen Rhythmen erkennt und beachtet, ist in der Regel leistungsfähiger und zufriedener. Die Zeitarchitektur unserer Systeme ist vielfältig. Ständig entdecken wir neue Bausteine. Stets erfahren wir mehr über das Ganze.

Fokus Forschung: Freier Takt

Geht funktionell die Hauptuhr verloren, etwa durch komplette Erblindung, behalten einige Organe ihren eigenen Rhythmus bei. Sie folgen somit ihnen innewohnenden Impulsen in einer Weise, die »free running system« genannt wird. Da viele Organe unterschiedliche Zyklen haben, kommt es dann häufig zu einer Vielzahl von Takten, die nicht mehr synchron aufeinander abgestimmt sind.

In die Wiege gelegt

Die Suche nach den genetischen Wurzeln der Zeit

Der Trainer des FC Bayern München antwortete ohne Zögern. Die Frage lautete: »Wie ist es zu erklären, dass der Jungstar Sebastian Schweinsteiger als Einwechselspieler so erfolgreich ist?« Felix Magath analysierte: »Er hat die Fähigkeit, sich blitzschnell auf ein aktuelles Spielgeschehen einzustellen.« Hätte der Fußballprofi noch Worte gewählt wie »hat die Veranlagung dazu« und »eiskalt«, die Fernsehzuschauer hätten ihm zugestimmt.

So schnell kann selbst ein Fachmann irren, wenn es um unsere Gene geht.

Die Joker der Bundesliga, die nur in den letzten Minuten mitspielen dürfen, sind gerade deshalb so erfolgreich, weil sie nicht abgebrüht sind. Sie sind die Sensibelchen dieser irren Branche. Auf der Ersatzbank »leiden sie wie Hunde«. Vor aller Augen sind sie 60, 70 oder 80 Minuten lang nur zweite Wahl. Sie werden bezahlt wie Millionäre, aber wofür? Der Trainer vertraut aber auf elf andere Spieler.

Das alles ändert sich schlagartig, sobald sie ihre Chance erhalten. Die negativen Gefühle verfliegen. Angst zu versagen: null Prozent. Vision eines Torerfolgs: 100 Prozent. Sie können nur gewinnen. Selbst wenn das Spiel verloren geht – ihnen wird man dabei den geringsten Vorwurf machen können. Dieser psychologische Faktor beflügelt sie.

Joker-Rekord: Zwölf Sekunden

Eine Last-Minute-Sturmspitze des VfL Bochum hält seit zwei Jahrzehnten den Rekord. Er ist kaum zu übertreffen. Der Stürmer betrat auf Höhe der Mittellinie den Platz, rannte auf einer diagonalen Linie los Richtung gegnerischen Strafraum und dachte nur: Jetzt müsste der Ball kommen. Der Ball flog tatsächlich an seinen Kopf. Ein Stoß – und es stand 1 : 0! Vergangen waren seit der Einwechslung exakt zwölf Sekunden.

Einfluss der Gene auf unsere Chronobiologie

Gene sind Erbanlagen. Sie verstärken oder schwächen die Schicksalsenergien. Auch sie unterliegen den Schwankungen der Chronobiologie. Modernste Technologien blicken ins Innere der Zelle und decken auf: Der Organismus enthält mehr Strukturen und Bausteine, als man immer vermutet hat.

Das menschliche Auge kann Unterschiede von einem Zehntelmillimeter wahrnehmen. Das Lichtmikroskop vergrößert auf das 2000-fache. Ein Mikroskop, das mit Hochgeschwindigkeitselektronen arbeitet, produziert Vergrößerungen im Millionenbereich. Es deckt Wunder auf.

Die DNS als Lebensstruktur

Die Entdeckung der Doppelhelix der Desoxyribonukleinsäure DNS – einer Nukleinsäure; sie heißt in der amerikanischen Abkürzung DNA (A = acid; Säure) – im Zellkern und in unseren Chromosomen führte die Wissenschaft auf die Spur der genetischen Erbanlagen. Erstmals sah man, dass die einzelne Zelle von einer Plasmamembrane umhüllt ist. Zellen beherbergen Gene, von denen einige einschalten, andere ausschalten. Und man entdeckte die Basisuhr, die in jeder von ihnen tickt.

Der allergrößte Teil unseres Gewebes wird von Zellen gebildet, die sich in einem bestimmten Rhythmus teilen, damit der Körper wachsen, sich erneuern und sich reparieren kann. Dieser Zyklus umspannt grob 24 Stunden. Er besteht aus Perioden offensichtlicher Ruhe und solchen des Teilens.

Mittlerweile kennt man unterschiedliche Rhythmen im menschlichen Körper. Nicht alle Zellen teilen sich zur gleichen Stunde und mit gleicher Geschwindigkeit. Die menschliche Haut entwickelt ihre größte Dynamik im Schlaf, zwischen Mitternacht und 4 Uhr früh. Nur verschwindend wenige Spezialzellen teilen sich nie. Sie bilden jene Organe, die niemals an Krebs erkranken, beispielsweise den Herzmuskel. In jeder Zelle sind die wichtigsten Molekülinformationen gespeichert. Das ist die DNS. Bevor eine Zelle sich teilt, muss eine Kopie dieser Lebensstruktur angefertigt werden. Auch das geschieht regelmäßig in festen Schritten.

Die vererbten Taktgeber

Rund um die Uhr entdeckt die Genforschung neue Hinweise auf vererbte Taktgeber. Sie schwingen im 24-Stunden-Rhythmus mit Auswirkungen unmittelbar in jede Zelle hinein. Das wurde in vielen Tierversuchen bestätigt. Aber auch der menschliche Organismus weist eine derartige Prägung durch die Evolution auf. Erbanlagen erzeugen die Schwingungen und regulieren sie bei Bedarf. In so genannten Feedback-Schleifen informieren sich die Gene ständig untereinander. Unterschiedliche Einflüsse haben die Fähigkeit, diese Erbanlagen zu verändern. Bei Tieren führen Mutationen (Veränderungen) dieser Gene zu Abweichungen von den Rhythmen. Sogar ständige Unregelmäßigkeiten, die biologisch keinen Sinn ergeben, können von außen verursacht werden. Man nimmt an, dass der menschliche Körper unter Veränderungen seiner Erbfaktoren ähnlich leiden würde. Besonders Gemütsstörungen und Schlafprobleme könnten die Folge sein.

Zeitidentität

Die moderne Forschung der Chronobiologie belegt: Unsere Funktionen sind organisiert, damit sie den Erfordernissen des Körpers entsprechen. Wo diese inneren Regelsysteme einer Logik folgen, sprechen wir von Zeitidentität. Die Organe befinden sich im Einklang.

Ein Beispiel: Die Körpertemperatur fällt ab dem Abend ab und steigt erst morgens steil an. Warum? Früher vermutete man das Gegenteil: Die Aktivität des Tages erwärmt uns, also ist die Temperatur beim Zubettgehen hoch. Der Schlaf in einem dunklen Raum erwärmt uns nicht. Heute weiß man es besser: Unsere Temperatur ist ein Energiefaktor. Erst ein Anstieg ermöglicht uns, besonders aktiv zu sein. Diesen Schub erspart sich der Körper, wenn wir ruhen.

Alles eine Sache der Veranlagung

Äußere Umstände bringen es mit sich, dass diese Rhythmen beeinflusst werden: durch Schichtdienst, durch Urlaubsflüge in eine andere Zeitzone, durch soziale Kontakte, durch Veränderungen in der Umwelt. Manche Personen haben geringere Mühe damit. Das ist weniger ihr persönliches Verdienst als die Steuerung durch ihre Erbanlagen. Unsere Gene verstärken die Chronobiologie des Körpers oder schwächen sie ab.

Krebswachstum, Ruhe und Rhythmus

Der circadiane Rhythmus steuert auch die Sekretproduktion der Nebennierenrinde. Störungen werden mit einer verringerten Lebenserwartung bei Dickdarm- oder Brustkrebs in Verbindung gebracht. Der französische Chronobiologe Francis Lévi vom Institut National de la Santé, Universität Paris, berichtet Beeindruckendes von Versuchen mit Mäusen: Ihre wichtigste Steuerungszentrale im Gehirn, der SCN, wurde durch elektrischen Strom geschädigt. Das beeinträchtigte erkennbar ihren Aktivitäts-Ruhe-Wechsel sowie den 24-Stunden-Zyklus der Körpertemperatur. Bösartige Tumorzellen vermehrten sich zwei- bis dreimal rascher als in anderen Mäusen. Francis Lévi war 2004 in Graz Key Note Speaker, also Hauptredner, beim Kongress »Krebs und Rhythmus«.

Die entsprechenden Faktoren sind genetisch festgelegt und Teil der DNS jeder einzelnen Kreatur. 1985 isolierte der Biologie Dr. Ronald Knopka von der Clarkson University zwei schicksalsentscheidende Gene im Erbgut der Fruchtfliege. Eines davon löst alle 60 Sekunden einen für die Paarung wichtigen Lockruf aus. Wenn die entsprechenden Bausteine vom DNS-Strang des Tieres entfernt wurden, verstummte es.

Unsere Zeitidentität im Wandel

Seine Zeitidentität verändert der Organismus im Lauf der Jahrzehnte. Sicherlich folgt er einer Logik, auch wenn wir sie noch nicht durchschauen. In der Kindheit erreicht die Produktion des Glückshormons Serotonin ihren Gipfel am Morgen – genau abgestimmt mit den Höchstleistungen anderer Bereiche. Später entscheidet sich unser Gehirn zu einem internen Schichtwechsel. Wir sind zu einer anderen Stunde besser drauf.

Ab dem frühen Erwachsenenalter fällt uns die Anpassung an externe Zeitgeber schwerer. Etwa um den 50. Geburtstag herum erfolgt sogar ein sehr deutlicher Einschnitt. Weitere Erstaunlichkeiten lassen sich im Alter beobachten. Manche Reaktionen fallen gemäßigter aus – wir spüren also Effekte weniger stark. Eindeutig hierbei ist die Reduzierung unseres Schlafbedürfnisses. Einzelne Rhythmen scheinen sogar völlig zu verschwinden. Sobald wir dem Blut nähere Aufmerksamkeit schenken, erkennen wir deutliche Veränderungen in der Konzentration an fast allen Hormonen, Mineralstoffen und biochemischen Verbindungen, die unsere Aggressionen und die Sexualität steuern. Einzig ein kleiner Teil der Nebennierenrinde produziert konstant Cortisol das ganze Leben hindurch. Auch diese Schwankungen in der Leistungsfähigkeit der Organe werden durch Erbanlagen bestimmt.

Unterschiedliche Gene bei Männern und Frauen

Die Winterdepression SAD (siehe dazu auch Seite 137f.) beeinträchtigt die Gemütslage einiger Millionen Menschen bei uns von September bis zum Frühjahr. Mediziner beobachten den Trend, dass die SAD in ganz bestimmten Familien gehäuft auftreten kann. Bis zu viermal mehr Frauen als Männer sind in der Regel betroffen. Sogar die geografische Lage des Wohnorts scheint eine Rolle zu spielen. In Deutschlands südlichen Bundesländern gibt es weniger Patienten.

Die menschlichen Gene prägen Männer und Frauen unterschiedlich. Auf die Chronobiologie bezogen, tickt Er anders als Sie. Zwar zeigt das selbst ernannte starke Geschlecht deutliche Schwächezeichen. Dennoch ist statistisch erwiesen: Frauen suchen häufiger einen Arzt auf. Männer betrachten sich eher als unbesiegbar und unverletzlich.

Fünf Bereiche lassen es ratsam erscheinen, dass Ärzte sehr genau hinsehen:

Depressionen: Der männliche Organismus produziert um bis zu 50 Prozent mehr Serotonin, das so genannte Glückshormon. Das erklärt allerdings nur zum Teil, warum Depressionen eher ein Frauenleiden darstellen. Jede Beförderung, jede gesellschaftliche Anerkennung bringt einen Hormonschub. Da haben die männli-

Nord-Süd-Gefälle

Von Norwegen bis Sizilien ist ein deutliches Nord-Süd-Gefälle beim Herztod aus heiterem Himmel ohne erkennbare Organschäden zu verzeichnen. Selbst die wenigen hundert Kilometer zwischen dem nordöstlichen Bundesland Mecklenburg-Vorpommern und der süddeutschen Universitätsstadt Freiburg im Breisgau spiegeln bereits einen solchen Effekt wieder.

chen Zeitgenossen weiterhin die Nase vorn. Eine mangelnde Wertschätzung am Arbeitsplatz kann ähnlich starke seelische Verletzungen bedeuten wie eine Lücke in der hormonellen Absicherung der Gefühle.

Stressverarbeitung: Die Frau reagiert heftiger auf Stress. Sie erträgt ihn länger: Zum Überwinden einer belastenden Situation sorgen die Gehirnbotenstoffe im weiblichen Organismus für erheblich mehr Östrogen und Adrenalin im Blut. Das steigert deutlich die Leistung. Auf lange Sicht besteht jedoch die Gefahr, dass die Nervensysteme überfordert werden. Entspannungstechniken sind für jede Frau deshalb besonders wertvoll.

Knochenbrüche: Das Risiko von Knochenbrüchen ab der Lebensmitte bedroht die Frau wesentlich stärker. Als Ursachen wurden erkannt: geringes Körpergewicht bei normaler Größe, weniger Muskeln, hormonelle Ursachen, niedrige Knochendichte, der langfristige Einfluss von Schlafmitteln sowie Stolperfallen im Haushalt. Auf Grund zum Teil anderer Faktoren erleiden Männer in dieser Hinsicht das gleiche Schicksal, jedoch erst später als die Frauen.

Herz-Kreislauf-Erkrankungen: Auf dem Gebiet der Herzleiden und der Kreislaufprobleme – immer noch Krankheiten, die primär den männlichen Körper bedrohen – holt der Organismus der Frau kräftig auf: Heutzutage sind bereits 45 von 100 Herzinfarktopfern weiblich.

Körpergröße: Die Körpergröße beim Mann spielt in einigen Bereichen eine rätselhafte Rolle. Das ist die Auffassung von Psychologen des Karolinski-Instituts in Stockholm. Im American Journal of Psychiatry berichteten sie 2005 vom Ergebnis einer Studie über Selbstmordneigung. Berücksichtigt wurden Daten von Männern im Alter zwischen 24 und 55 Jahren. Ergebnis der Studie: Kleine Männer sind angeblich stärker selbstmordgefährdet. Schon eine

Todesursache Aberglaube

Manche Rhythmen und Zyklen, die unser Leben begleiten, bleiben rätselhaft – auch wenn es sie unbestritten gibt. Amerikaner chinesischer oder japanischer Abstammung haben die häufigsten Herzanfälle mit tödlichem Ausgang am vierten Tag eines Monats. Forscher führen abergläubigen Stress als Hauptursache an. Die Zahl 4 gilt als Unglückszahl. Ausgesprochen, klingt dieses Wort wie der Begriff für Tod. Der Aberglaube geht so weit, dass in China und Japan Krankenhäuser keine Etage 4 aufweisen.

Nackte Zahlen belegen: In diesen Bevölkerungsgruppen ereignen sich am vierten Monatstag sieben Prozent mehr Herztodesfälle als durchschnittlich an jedem übrigen Wochentag. Dieses Phänomen ist in allen US-Bundesstaaten gleich. Die Forscher betonen: Alle sonst üblichen Risikofaktoren sind an diesen Schicksalstagen unverändert: Ernährung, Alkoholkonsum, Medikamentengebrauch oder Umfang an Ertüchtigung. »Wir wissen«, berichtete David Phillips von der University of California, San Diego, »dass psychische Faktoren das Leben verlängern können. Unsere Untersuchung lässt befürchten: Es kann auch umgekehrt gehen.« Weil diese Menschen glauben, dass sie an bestimmten Tagen verletzlicher sind, sind sie es tatsächlich. Ihnen spielen Gene einen gefährlichen Streich. Aber überwiegend sind die Erbfaktoren wertvolle Werkzeuge der Chronobiologie.

Zunahme der Größe um fünf Zentimeter reduziere das Risiko erkennbar. Ähnliche Ergebnisse wurden weder bei weiblichen Personen, noch bei älteren Menschen gefunden.

Erbe als Last

Viele Zeitstrukturen entziehen sich noch der Entzifferung – auch die Verbindung der Generationen zueinander. Erbe kann eine Last sein, wie die Aufzählung problematischer Schicksale in dem Buch »Söhne großer Väter« vor mehr als 100 Jahren nachwies: Nicht nur

Wolfgang Amadeus Mozart hat bedauerlicherweise bei dem Versuch versagt, Geniales weiterzugeben. Umgekehrt wissen wir nicht wirklich, was Eltern stolz werden lässt auf ihre erfolgreichen Kinder – was Frank Sinatra einmal auf sehr sympathische Art so formulierte: »Ich warte noch auf den Tag, an dem ein Interviewer mich einmal fragt: ›Sagen Sie, sind Sie nicht der Vater dieser fantastischen Nancy Sinatra?‹«

Fokus Forschung: Zwischen Ehrfurcht und Zerstörung

Mehr als 13 000 Deutsche folgten einem Aufruf, sich mit einer persönlichen Frage an der Diskussion über die Genbiologie zu beteiligen. Unter den 15 000 Einsendungen befand sich auch die Schicksalsfrage: »Was wird am Ende einen verheerenderen Einfluss auf die Menschheit haben: die Atomenergie oder die Genbiologie?« Aus den Anregungen entstand u.a. das Theaterstück »Wohin Gen?«, das quer durch Deutschland aufgeführt wurde.

Die Fragen sind brennend: Wie spekulativ sind die mit der Genomanalyse verknüpften Erwartungen? Auf welche Weise lässt sich die ungeheure Datenmenge sichern, selektieren und zuletzt interpretieren? Wie geht die Gesellschaft mit dem offenbar näher rückenden Eingriff in die menschliche Keimbahn oder mit Embryonenzellen und mit der »Klonierung des Menschen« um? Naturwissenschaftliche, theologische, philosophische und juristische Universitäten befassen sich mit der Faszination des Möglichen und der politischen Umsetzbarkeit bioethischer Überlegungen. Die Berliner Humboldt-Universität kommentiert: »Einigen flößen die Dimensionen dieser Entwicklungen Ehrfurcht vor der Schöpfung ein. Anderen erscheinen sie als unstatthafter Versuch, das Wunder des Menschen zu ergründen und zu zerstören.«

Lerche und Eule

Morgen- und Nachtmensch – nur zwei Stunden Unterschied

Versuchsweise hat die österreichische Skinationalmannschaft eines der großen Hindernisse auf der Jagd nach dem Weltcup abgeschafft: den Jetlag. Vor einigen Wintern flog das rot-weiß-rote Team erst kurz vor einem Rennen nach Japan und ging dort innerhalb weniger Stunden an den Start. Die Mannschaftsführung umging bewusst die Phase der Anpassung. Wien trennt eine Zeitdifferenz von elf Stunden von den japanischen Inseln. Der möglichst kurze Aufenthalt in der fremden Zeitzone sollte es dem Organismus der Skisportler ersparen, allzu sehr durch den unpassenden Helligkeit-Dunkelheits-Rhythmus am Rennort aus seinem Lauf gebracht zu werden.

Mittelmäßiger Erfolg

Das Ergebnis dieses Rennens gegen die innere Uhr der Athleten war mittelmäßig. Vor allem wurde die Problematik der Chronobiologie verlängert, als das Skiteam unmittelbar nach den Rennen der Kategorien Abfahrtslauf, Slalom und Super-G die nächst erreichbare Maschine zurück nach Europa bestieg. Ziel war, die fehlende Übereinstimmung zwischen den äußeren Taktgebern wie Tag-Nacht-Rhythmus und den inneren Zyklen der Organe so rasch wie nur möglich wieder zu beenden. Sie fanden sich zwar schnell in ihrer gewohnten Zeitschiene wieder. Aber der Trick brachte keine biologischen Vorteile. Das Experiment wurde nicht wiederholt.

Tag- und nachtaktive Gattungen

Besonders schwierig ist es, wenn die Chronobiologie einer kompletten Gruppe in Betracht gezogen werden muss. Das Timing der wichtigsten Zyklen kann von Person zu Person gravierend variieren. Die Natur kennt dafür erstaunliche Beispiele. Jede Gattung hat ihren eigenen Hauptrhythmus. Wissenschaftler nennen den biologischen Tag »Tau«, angelehnt an den Buchstaben des griechischen Alphabets.

- Jene Tiere, die hauptsächlich bei Tag aktiv sind, würden ohne Einbruch der Dunkelheit die Wiederkehr der wichtigsten Funktionen nicht alle 24 Stunden erleben, sondern etwa ein bis zwei Stunden später. Die Erdrotation bringt ihren biologischen Tag dann auf jenes Maß, dem auch wir folgen.
- Umgekehrt verhält es sich mit nachtaktiven Tieren. Sie würden frühzeitig in ihre Höhlen zurückkehren und eine Tageslänge von 20 oder 22 Stunden erleben. Der Wechsel von Helligkeit und Dunkelheit wirkt jedoch auch bei ihnen als stärkster Taktgeber, so dass auch ihr Tag 24 Stunden erhält.

Ist der »Tau« 23 oder 25 Stunden lang?

Der Tau des Menschen liegt normalerweise bei knapp 26 Stunden, wie man aus den Versuchen im Andechser Bunker (Seite 57ff.) weiß. Unsere Schrittmacheruhr muss also regelmäßig ein wenig beschleunigt werden, damit wir im Einklang mit dem Rhythmus der Erde bleiben. Die Messungen der Forscher am bayerischen Max-Planck-Institut haben nachgewiesen: Unter den weit mehr als 400 untersuchten Personen befanden sich jedoch umgekehrt nicht wenige, deren Tau deutlich unter der Länge eines Tages war.

Kurzer Tau – viel Adrenalin

Ob ihre innere Uhr der Vorgabe von 23 oder 25 Stunden gehorchte, wirkte sich auf mehrere biologische Vorgänge aus. Das auffallendste Ergebnis bringt die Beobachtung der Konzentration an einem bestimmten Hormon der Nebennierenrinde, des Adrenalins. Dieser chemische Überträger von Nervenreizen beeinflusst die Arbeit der Leber und spielt eine Rolle im Fettstoffwechsel des Menschen. Blutgefäße können sich durch dic Adrenalinwirkung verengen, Bronchien werden erweitert, so dass sich Asthmaanfälle lösen können.

Die Lerchen

Menschen mit einem eigentlich kürzeren Biotag erzeugen am Morgen wesentlich mehr Adrenalin als andere. Diese Substanz ist ein bedeutender Stimulator. Das Blut transportiert fast augenblicklich mehr Sauerstoff und Nährstoffe und die Bauchspeicheldrüse steigert den Zuckerstoffwechsel. Auf ähnliche Vorgänge stützt sich unser Organismus in Augenblicken besonderen Stresses und großer Notlage. Damit wird klar: Der davon Betroffene kann es sich gar nicht aussuchen, ob er den Tag langsam oder schwungvoll beginnt. Alle Systeme stehen bereits auf Grün.

Er ist das, was wir unwissenschaftlich Morgenmensch nennen. Amerikaner nehmen eine Anleihe in der Tierwelt und verwenden dafür den Begriff »Lerche«. Sie ist, wie wir seit dem Frühlingsstimmenwalzer von Johann Strauß wissen, der Inbegriff der hellen Koloraturstimme und des frühen Lichts.

- Lerche-Typen verzeichnen den absoluten Höhepunkt ihrer Körpertemperatur am frühen Morgen. Die Differenz zwischen hoch und tief ist auffallend.
- Für Schichtarbeit sind sie nicht besonders prädestiniert.
- Reisen von einem Kontinent zum anderen machen ihnen stärker zu schaffen, besonders in der Flugrichtung von Europa nach Amerika bzw. aus Asien nach Europa.
- Es wird ihnen mathematische Begabung zugeschrieben.

Die Eulen

Das Gegenstück zu den Lerchen bilden die Eulen. In der Natur kommen etwa 145 Eulenarten vor. Sie jagen im Dunkeln. In Ägypten galt sie als Totenvogel. Die alten Griechen widmeten sie der Beschützerin der Wissenschaft, Athene.

- Unter uns Menschen zeigt der Eule-Vertreter sein Thermometerhoch etwa eine Stunde nach der Lerche.
- Andere Funktionen laufen jedoch mit doppelter Verspätung im Vergleich zum Organismus von Morgenmenschen.
- Der Ausschlag zwischen höchstem und niedrigstem Temperaturwert ist weniger stark.
- Insgesamt zeigen Eulen die Eigenschaften eines Abendmenschen. Richtig munter werden sie erst später am Tag.
- Viele Kreative neigen dazu, die Nacht zum Tag zu machen. »Weil das Telefon nicht stört«, erklären sie. In Wahrheit ist es ihr innerer Rhythmus.

Verschlossen oder offen?

Verhaltensforscher könnten rein durch Beobachtung Lerchen und Eulen ziemlich sicher identifizieren – indem sie nach den beiden am leichtesten erkennbaren Charakterzügen Ausschau halten. Auch, wenn die eine oder andere dieser Prägungen nur im Ansatz vorhanden ist wie bei den meisten Menschen. Wir sprechen von introvertiert und extravertiert.

Introversion, lateinisch für Innenwendung, nannte der Psychologe C. G. Jung ein Bewusstsein, bei der unser Denken und Hoffen und die psychische Energie vor allem auf die eigene Innenwelt gerichtet sind. Im Alltag verbinden wir damit Eigenschaften wie: zurückgezogen, verschlossen, wenig anpassungsbereit.

Lerchen auf dem Golfplatz

Die Vorstellung fällt nicht schwer, dass unser Tagesrhythmus ganz entscheidend auf die Wahl eines Hobbys Einfluss nimmt. Psychologen sind der Meinung:

- Golfer erweisen sich häufig als Lerchen – nicht nur jene, die regelmäßig dem ersten Flight angehören.
- Mannschaftssportarten in der Halle – vom Wasserball bis zum Hobbykick – ziehen eher die Eulen unter uns an.

Extraversion, lateinisch für Außenwendung, ist das genaue Gegenteil. Vertreter dieser Bewusstseinshaltung treten den Mitmenschen offen und kontaktbereit gegenüber. Ihre Anpassungsfähigkeit trägt zu ihrer Beliebtheit bei. Ihr auffälligstes Merkmal ist Impulsivität. Plötzlicher Ansporn prägt ihr Verhalten. Der Augenblick zählt. Gasgeben ohne lange zu fackeln. Diese Menschen erreichen Ziele, die sich andere nicht einmal stecken. Und sie erreichen sie mitunter rascher. Natürlich sind damit auch höhere Risiken verbunden.

- Die Wahrscheinlichkeit ist groß, dass eine impulsive Person eine Eule ist – immer besser drauf im Lauf des Tages.
- Menschen, die nicht sehr spontan sind, sind dafür vermutlich schon morgens hellwach wie eine Lerche.

Der natürliche 25-Stunden-Rhythmus

Wir wissen inzwischen, dass unser Körper mehr als nur einem einzigen Dirigenten gehorcht – ebenso, wie er vorübergehend auch ohne äußeren Taktgeber funktionieren kann, wie Reisen von einem Kontinent zum andern beweisen. Die Masteruhr unseres Gehirns empfängt die allerwichtigsten Informationen über Tageslicht und Dunkelheit, über Jahreswechsel und Gezeiten. Aber auch andere

Der einzig echte 25-Stunden-Tag

Die meisten von uns haben einen internen Zyklus, der die Periode einer Erdumdrehung um etwa eine Stunde übersteigt. Der Organismus wird deshalb mit der Verlängerung eines Tages in der Regel eine Spur leichter fertig als mit einer Verkürzung. Im Herbst gewähren wir uns die nächtliche Stunde zwischen 2 und 3 Uhr früh zweimal. Durch die Umstellung auf Winterzeit wird der Auftakt länger. Theoretisch müsste dies verträglicher empfunden werden. Verglichen damit fällt die Anpassung an die Sommerzeit eindeutig schwerer. Man schätzt, dass jeder Zwanzigste bei der Tagesverkürzung echten Stress zu verkraften hat.

Taktgeber dienen den Organen zur Orientierung. Bei den Versuchen im Andechser Bunker waren Hunderte Testpersonen völlig von der Außenwelt und deren Zeitordnung abgeschnitten. Sie sahen noch nicht einmal jene Personen, die im Vorraum des Bunkers täglich Nahrung und Getränke abstellten. Aber sie hörten sie. Und obwohl diese Impulse aus der Außenwelt zu unterschiedlichen Tageszeiten an ihr Ohr drangen, hatten sie immer noch die Funktion eines Zeitgebers. Einmal befand sich in einer Gruppe ein Student, der in die aktuelle Betreuungsperson verliebt war. Allein zu wissen, dass diese Frau täglich einmal in seine Nähe kam, erleichterte es ihm, seinen natürlichen 25-Stunden-Rhythmus zu finden.

Die Kontakte unseres Alltags, der Verkehrslärm, die nächtliche Stille, Geräusche, die Häufigkeit von Telefonanrufen – alles wird von unseren Organen als chronologischer Impuls empfunden. Spötter meinen: Ohne seine Tea Time, die strenge Zeitzäsur am Nachmittag, ohne Berücksichtigung dessen, was in der Welt draußen vor sich geht, hätte das britische Empire nie diese Größe und Stabilität erlangt.

Warum ist Schichtdienst für die meisten Menschen wirklich so anstrengend? Weil sich für ihren Organismus zwar der Tag-Nacht-Zyklus verschiebt, aber die anderen Zeitschienen um sie herum bleiben. Kein Wunder, wenn ihr Schlafsystem Mühe hat, die passende Orientierung zu entwickeln.

Winterzeit – Sommerzeit

Eine ähnliche Phasenverschiebung macht jeder von uns durch, wenn auch nur zweimal im Jahr. Bei der Umstellung auf Sommerzeit und zurück auf Winterzeit. Die Amerikaner nennen dieses System treffender Daylight Saving Time – das Sichern von Tageslicht. Die Zeitperioden der Helligkeit und der Dunkelheit bleiben. Die übrigen Perioden verschieben sich.

Das Ergebnis ist ein Mini-Jetlag. Wobei wir Interkontinentalreisen unterschiedlich erleben. Wir passen uns nach einem Flug von Frankfurt in die USA leichter an die Lokalzeit an als in umgekehrter Richtung.

Fokus Forschung: Nachtgen bei Eulen

Während die meisten instinktiv spüren, ob sie Lerche oder Nachteule sind, konnten Wissenschaftler erst jüngst erkennen, warum wir in die eine oder andere Kategorie fallen. Das Gen »Period 3« (Per3) bildet einen Teil der Taktgebergene unserer inneren Regulatoren. Per3 tritt in zwei Varianten auf, einer kürzeren und einer längeren. Dr. Simon Archer, University of Surrey, erkannte: »Die kürzere Variante des Gens ist signifikant häufiger bei Menschen mit extremer Abendpräferenz nachzuweisen. Wir kennen bereits mindestens zehn solcher Uhrengene. Alle bilden Varianten, und die Summe dieser Unterschiede gibt den Ausschlag zwischen Lerche und Eule.«

Es kommt auf die Sekunde an

Damit »pharmakon« Segen bedeutet und nicht Fluch

Der Dichter Homer hinterließ uns in 24 Büchern rund 28000 Verszeilen seiner epischen Werke »Ilias« und »Odyssee«. Aber nicht der Kampf um Troja oder die Irrfahrten des größten griechischen Helden Griechenlands lassen sein Sprachgut heute so lebendig erscheinen wie damals im 8. Jahrhundert v. Chr. Es ist einzig das oft verwendete Wort »pharmakon«. Es hat viele Bedeutungen, wie z. B. Beigabe, Verabreichung, Geschenk.

»Pharmakon« – Geschenk der Gesundheit oder Gift

Die Pharmabranche nimmt für sich in Anspruch, dass sie die Branche der Verabreichungen ist. Und die Patienten erwarten jedes Mal ein Geschenk der Gesundheit. Wenn wir Homer allerdings genauer lesen, ist das nur die halbe Wahrheit. Nicht weniger oft bedeutet »pharmakon« in seinen Werken Gift. Es kommt bei ihm einzig auf die Umstände jeder Verabreichung an. Inzwischen wissen wir: Der wichtigste Faktor ist der Zeitpunkt. Allerdings wissen das die Ärzte noch nicht sehr lange.

Melatonin – eines der ältesten Hormone

Ich, Dr. Jan-Dirk Fauteck, war mit meinem Studium fast fertig, als ich an der Universität von Mailand durch den Professor für Pharmakologie, Chemotherapie und medizinische Toxikologie, Bojidar M. Stankov, in ein neues Wissensgebiet eingeführt wurde: die Chronobiologie. Ich erinnere mich genau an die erste Faszination Ende der 1980er-Jahre.

Professor Stankov begeisterte seine Studenten für »la melatonina«. Diese Substanz aus der Zirbeldrüse, erst in den 1960er-Jahren entdeckt, wurde durch Forscher wie ihn als eines der ältesten

Hormone der Entwicklungsgeschichte begriffen. Es ist vermutlich unser Mutterhormon. Jedes Wesen ist davon abhängig: Einzeller, Pflanzen, wir. Heute weiß man viel mehr über seine Bedeutung. Auf unserer Netzhaut finden sich mit einem Anteil von ein bis zwei Prozent speziell sehende Zellen. Ihre Botschaften unterscheiden sich grundsätzlich von jenen, die uns Bilder und Farben liefern. Sie erkennen die Gegenwart und erahnen die Zukunft.

Die Zirbeldrüse von Säugetieren ist lichtempfindlich, obwohl sie tief im Schädel verborgen ist. Erregungsleitungen transportieren Hell-dunkel-Informationen und andere Daten über Veränderungen der Tageszeit und der Jahreszeit von den Spezialzellen der Netzhaut in das Gehirn. Bestimmte Nervenzellkerne stellen die Befehlsempfänger dar. Hier, in der Zirbeldrüse, entsteht als Reaktion auf die vielfältigen Wahrnehmungen ein Melatonintal bei Tag und ein Melatoninberg bei Nacht.

Melatoninrezeptoren bei allen Gattungen

Beim Menschen besitzt der vordere Teil der Zirbeldrüse die organische Struktur des menschlichen Auges. Gene, die unser Sehsystem prägen, wirken auch in ihr. Damit fing die Erforschung an: mit den Fortpflanzungsmechanismen und dem Paarungsverhalten von

Das dritte Auge

In der indischen Tradition ist die Zirbeldrüse das Auge des Wissens, Sitz des inneren Lehrers, das dritte Auge. In der Kunst wird dieses Tor zu inneren Welten durch einen Edelstein in der Stirn Buddhas dargestellt. Bereits der Philosoph René Descartes sagte im 17. Jahrhundert: »Es gibt eine kleine Drüse im Gehirn, in der die Seele ihre Funktion spezieller ausübt als in jedem anderen Teil des Körpers.« Andere nannten die Zirbeldrüse Hüterin des Lichts.

Nagern ebenso wie von Singvögeln, beeinflusst durch Melatonin, gesteuert mittels Nervenverbindungen wie den Sehnerven. Plötzlich war der Schlüssel für die wechselnde Farbe eines Hamsterfells und für die Brutperioden der japanischen Wachtel gefunden. Einmal enträtselt, fand Prof. Stankov Rezeptoren für dieses Hormon bei allen untersuchten Gattungen. Männliche Tiere wiesen wesentlich mehr auf als weibliche.

Etwas Unabhängigkeit von hell und dunkel

Im Lauf der Entwicklung hat der Mensch es jedoch geschafft, künstliches Licht in sein Leben zu bringen. Damit erlangte er im Vergleich zur Tierwelt eine gewisse Unabhängigkeit vom Hell-dunkel-Wechsel. Mich, den künftigen Mediziner, ließ die Neugierde nicht mehr los: Wie stark ist der circadiane Rhythmus für uns geblieben? Das bedeutete: Erforschung der Grundlagen. Die ersten Informationen entstammten Tierexperimenten. Welche Ergebnisse waren auf den Menschen übertragbar? Wie sehen die Entsprechungen in unserem Organismus aus? Erstaunlicherweise waren dramatische Unterschiede, aber auch unübersehbare Parallelen zu finden. Das führte geradewegs zu der Frage: Wenn ich bei einer Therapie da und dort Änderungen vornehme, welchen Einfluss haben sie auf das angestrebte Ergebnis?

Die Intelligenz unseres Körpers

Die Chronobiologie nimmt Abschied von einer überlieferten Vorstellung vom Funktionieren des menschlichen Körpers. Man glaubte bis weit ins 20. Jahrhundert hinein: Wird ein Organismus beeinflusst oder gestört, setzt er alles daran, unter allen Umständen zum ursprünglichen Zustand zurückzukehren. Das ist das wichtigste Ziel. Heute wissen wir: Unser Körper ist noch feinfühliger, als wir glaubten.

Homöostase, nach dem griechischen Wort für Wiederkehr, war der Ausdruck unserer Hochachtung vor der Intelligenz des Körpers. Beispiele kennen wir alle. Wir verstauchen uns einen Knöchel. Die ersten Schritte erfordern unser größtes Einfühlungsvermögen: Wie verteilt man die Belastung zwischen verletztem und gesundem Bein, zwischen den Knien und den Hüften? Ohne dass wir es merken, übernimmt der Körper innerhalb kurzer Zeit diese Aufgaben – und erfüllt sie sogar besser. Die amerikanische Schule der Chiropraktik setzt dieses Wissen der aufsteigenden und absteigenden Reaktionsketten sehr erfolgreich in den Mittelpunkt ihrer Therapien.

Derartige Annahmen übertrug die Medizin auch auf die Arbeit unserer inneren Organe. Also: Ein Magen ist leer, wir behelligen ihn mit Nahrung, er leistet seinen Beitrag und hinterher ist alles, wie es war. Die simple Wiederkehr biologischer Prozesse – z. B. das Atmen – verbarg den Blick auf das Wesentliche: Lebendes Gewebe ist ständigen Veränderungen unterworfen. Rhythmen, die wir beobachten, entstehen nicht zufällig. Sie sind das Ergebnis von Energien, die wir sammeln und verteilen. Es gibt Phasen, in denen

Zeitstrukturen

Die Chronobiologie ist das wissenschaftliche Feld, auf dem der Mechanismus unserer angeborenen Zeitstrukturen erforscht wird. Die grobe Einteilung der beobachteten Zyklen nennt tageslichtabhängige, nächtliche, flüssigkeitsabhängige, abendliche, morgendliche, tägliche, wöchentliche, saisonale und jährliche Wiederholungen. Jede ist durch eine Periode gekennzeichnet, für deren Bezeichnung die Wissenschaft den griechischen Buchstaben Tau verwendet.

Zyklen über den Tod hinaus

Wir erkennen Zyklen, die sich im Lauf des Lebens verändern. Sie entwickeln sich, nehmen an Bedeutung zu und später verringert sich ihr Effekt wieder. Andere Zyklen bleiben durch die meisten Phasen des Alters unverändert. Einige sind vorübergehend und verschwinden völlig, Beispiel: die Zyklen der Frau. Andere sind lang anhaltend. Dazu zählen die Schwankungen der Körpertemperatur. Sie setzen sich sogar bis über die ersten 24 Stunden nach Eintritt des Todes fort.

unsere Zellen Materie verbrauchen, und Phasen, in denen sie sich regenerieren. Zeit ist die vierte Dimension unseres Lebens und Handelns. Sie ist unabdingbar für alles Leben.

Erbfaktor Biorhythmus

Diese biologischen Rhythmen sind genetisch programmiert. Sie hängen nicht von unserem Willen ab. Deshalb müssen wir sie zu unseren Erbfaktoren zählen. Einige Rhythmen verschwinden zeitweise während ihres Tau. Sie sind anwesend oder abwesend, etwa der Zyklus der weiblichen Fruchtbarkeit. Andere erreichen ihren Höhepunkt nur zu bestimmten Tageszeiten, etwa nachts, aber nicht unbedingt alle 24 Stunden.

Die Chronobiologie unterscheidet absolut lebensnotwendige Abläufe, etwa die Aktivitäten des Herzens, der Atmungsorgane oder der Hirnströme. Ihre Unterdrückung ist gleichbedeutend mit dem biologischen Ende. Sie bilden eine untrennbare Einheit mit dem Leben. Andere haben keine unmittelbare Auswirkung auf unsere Existenz. Ihr Verlust kann jedoch direkt zur Entwicklung von Leiden führen oder sie zumindest beschleunigen. Manche sind widerstandsfähig und robust. Andere zeigen große Schwankungen, z. B. die Tätigkeit unseres Herzens.

Am deutlichsten zeigen sich Zyklen in den zwei wichtigsten Bereichen des Organismus: in seiner Kontrolle und Erhaltung sowie bei unserer Sexualität und Fruchtbarkeit. Dabei steuern die Rhythmen sowohl geistige wie körperliche Funktionen.

Die Basisbedingungen unseres Lebens sind Bausteine der genetischen Vererbung. Mithilfe des Elektronenmikroskops sehen wir ihren Ursprung mittlerweile sogar in unserem molekularen Fingerabdruck jeder Zelle, der DNS. Die Rhythmen starten bei der Geburt jeder Zelle. Beim Menschen sind sie nach einer Phase der Entwicklung in höchstem Maß organisiert.

Unabhängigkeit von geophysikalischen Energien

Wir unterliegen zufälligen Schwankungen durch natürliche Einflüsse, z. B. der Umwelt. Und wir reagieren auf körpereigene Zustände, ganz so, wie unser Organismus es für sinnvoll hält. Es gibt keinen Zweifel: Viele Rhythmen der menschlichen Zellen zeigen sich völlig unabhängig von den geophysikalischen Energien der Erde. Unser Gewebe folgt einem eigenständigen, ihm entsprechenden Rhythmus. Das Leben ist demnach abhängig von körperlichen,

Strategisch wichtige Primärrhythmen

Die meisten biologischen Rhythmen sind das Ergebnis sowohl innerer wie äußerer Faktoren. Wir nennen sie Zeitgeber. Einige sind alltäglich und unauffällig: Tag-Nacht-Wechsel, Mahlzeiten, Bürotätigkeit, Haushalt, Schichtarbeit, soziale Gepflogenheiten. Manche Schwingungen haben eine Leitrolle für andere. Sie heißen Primärrhythmen und sind strategisch besonders wichtig. Ihr Funktionieren ist die Voraussetzung für andere biologische Abläufe. Sobald dieses Verhältnis gestört ist, erkennen wir die Chronopathologie der Rhythmen – das Krankheitsbild gestörter zeitlicher Abläufe im Körper.

chemischen und chronologischen Signalen. Etwa 20 unterschiedliche Ebenen unseres Bewusstseins könnten dazu beitragen. Die Abfolge sieht folgendermaßen aus:

- Ein Schrittmacher setzt den Impuls, es erfolgt eine logische Kontrolle, danach kommt es zur körperlichen Reaktion.
- Ein Beispiel: Eine Drüse gibt ein bestimmtes Hormon in die Blutbahn ab.

Behandlung in Abhängigkeit von der Zeit

Das romantische Bild des Tag und Nacht treu sorgenden Arztes an der Bettkante des Kranken ist uns allen von vielen Illustrationen her gegenwärtig. Doch die Realität des modernen Gesundheitswesens orientiert sich an anderen Vorgaben. Selbst ein sehr angesehener, geschätzter und erfolgreicher Krebsprofessor in einer norddeutschen Stadt lehrt seinen Studenten, was er auch in Schriften und Fernsehinterviews freimütig bekennt: »Die Medizin sieht nicht mehr den Patienten. Sie studiert nicht mehr seine Krankengeschichte und die seiner Familie. Sie behandelt Daten.« Medizinische Ergebnisse bestimmen heute die Diagnose und die Therapie. Die kleinen Zettelchen aus den großen Laborzentren tragen ein Datum. Aber nirgendwo ist die Zeit vermerkt, wann das Blut abgenommen, der Urin abgefüllt wurde.

Zeit – ein wichtiger Faktor für Medikamente

Das ist ein Versäumnis. Erst kürzlich wurden sogar in der Haut und der Schleimhaut Uhrgene entdeckt. Rhythmizität erlaubt uns eine bessere Adaption an die Bedingungen der Umwelt und an die Veränderungen des Körpers innerhalb des circadianen Systems.

Denn auch die Wirksamkeit unserer Medikamente hängt davon ab, mit welcher Geschwindigkeit ihre Substanzen durch den Körper geleitet werden und wie sie sich während der Passage durch verschiedene Organe auf dem Weg zu ihrem Ziel verändern.

Sie schlucken eine Pille gegen Rheumabeschwerden und denken vielleicht: Da kann man doch nichts falsch machen! Das mag einmal richtig gedacht gewesen sein! Heute wissen wir es besser. Und ärztliche Kunst – wenn sie wirklich mit Können zu tun hat – sollte das berücksichtigen.

Fragen, die zu Medikamenten gestellt werden müssen

Zurück zu dem Wirkstoff, den Sie in Ihren Mund einführen. Manche Medikamente sind bewusst so zusammengesetzt, dass die Freisetzung ihrer Inhaltsstoffe sofort im Magen erfolgt, beispielsweise Vitamine. Ihre Rheumapille muss jedoch so konstruiert werden, dass sie den Magen mit seiner höheren Aggressivität als Salzsäure heil übersteht. Ihre Substanzen dürfen erst vom Dünndarm aufgenommen werden. Erfüllt sie diese Anforderungen?

Auflösung

Nächste Frage: Handelt es sich um eine Substanz, die sich nur langsam auflöst? Nur in flüssiger Form können Wirkstoffe aufgenommen werden. Die Zeit zur Auflösung muss zur Verfügung gestellt

Transittempo

Wurde eine Pille zur Essenszeit eingenommen, bewegt sie sich gemeinsam mit der Nahrung durch den Darm. Das dauert länger als zwischen den Mahlzeiten, wenn die Wege leerer sind. Mit dem Zeitpunkt der Einnahme wählt der Chronobiologie auch das Tempo der Transitzeit.

werden. Winzige Dosen brauchen nur wenig Zeit. Oder die Auflösung wird bereits früher im Körper gestartet.

Verstoffwechslung

Alles Blut, das vom Magen weg fließt, erreicht als erstes Entgiftungsorgan die Leber. Wird die therapeutische Substanz dort verändert? Medizinisch nennt man das verstoffwechselt.

Wenn ja, wie viel muss eingenommen werden, damit nach der Leber genügend vorhanden bleibt? Oder ist es besser, dieses Organ bewusst für eine therapeutische Absicht zu benutzen? In diesem Fall würde man ein Vorprodukt auf den Weg durch den Körper schicken, das dann von der Leber erst in den gewünschten Zustand gebracht wird.

Hilfsstoffe

Manche Pillen bedürfen für ihre Wirksamkeit am Zielort zusätzlicher Substanzen. Teile der Vitamin-B-Familie sind von Hilfsstoffen abhängig. Sind diese Helfer dann dort vorhanden, wenn sie benötigt werden? Müssen sie mitgeschickt werden, um im passenden Augenblick ausreichend verfügbar zu sein?

Verweildauer im Blut

Wie lange soll der Wirkstoff im Blut bleiben? Auch diese Eigenschaft kann nach den Grundsätzen der Chronokinetik bestimmt werden. Sie konzentriert sich auf die zeitlichen Faktoren der Verstoffwechslung. Eine pünktliche Pille trifft ein und wird ausgeschleust – jeweils im richtigen Augenblick. Eisen z. B. benötigt das Blut permanent. Vitamin C macht vor allem morgens Sinn. Melatonin muss über sechs, sieben Stunden nur nachts anhaltend hoch vorhanden sein. Da es sehr schnell abgebaut wird, muss eine einzige Pille mit Zeitschloss das entsprechend berücksichtigen.

Jetlag so oder so

Mehrere Faktoren beschleunigen die Anpassung an Zeitzonen: Aufgeschlossenheit, Heiterkeit, Termindruck, Erfolgsdruck, dabei langsamer Pulsschlag. Andere Bedingungen führen wiederum dazu, dass der Körper sich Zeit lässt: Verschlossenheit, Bedrückung, Nervosität, Herzrasen.

Intelligente Medikamente

Die Chronobiologie bestätigt sehr viele, uralte Erkenntnisse. Wir begreifen langsam, was wir verbessern können, um sie wirksamer umzusetzen. Wir benötigen nicht so sehr neue Medikamente. Wir programmieren unsere Pillen eher intelligenter – mit chronobiologisch korrekter Formel. Damit erhöhen wir die Wirksamkeit. Wir verringern Nebeneffekte. Wir reduzieren Kosten, weil wir mit weniger Substanzen mehr erreichen als bisher.

Jede Einwirkung auf äußere Bedingungen – etwa die Flugreise über drei oder mehr Zeitzonen – stört die innere Regelmäßigkeit. Wir sind nicht mehr synchron mit der Lokalzeit. Denken Sie nicht: Sie verkürzen oder verschieben nur den Wach-Schlaf-Turnus. In Wahrheit treffen Sie eine ganze Reihe von Organen. 30 000 Generationen lang reisten unsere Vorfahren nicht schneller, als ein Tier sie tragen oder ein vom Wind aufgeblähtes Segel sie transportieren konnte. Wenn wir das berücksichtigen, leistet unser Organismus Fantastisches: Der Körper schafft in 24 Stunden jeweils wieder eine Rückstellung seiner Uhren um etwa 90 Minuten.

Wenn der Faktor Zeit derart gravierenden Einfluss auf Reaktionen unseres Körpers nimmt, dann ist es mehr als dringend, das ernst zu nehmen. Beim Timing der nächsten Operation, beim Zeitpunkt einer Schutzimpfung, bei der Einnahme eines Medikaments. Damit »pharmakon« wirklich Segen bedeutet und nicht Fluch.

Fokus Forschung: Schwerkraft

Bereits der Umstand, ob eine Blutentnahme im Stehen, Sitzen oder Liegen erfolgt, verändert die Ergebnisse um durchschnittlich bis zu 20 Prozent. Infolge der Schwerkraft ist bei der stehenden Person der hydrostatische Druck am größten. Vergleichbare Abweichungen hängen davon ab, ob bestimmte Blutanalysen morgens oder abends vorgenommen werden. Eine Reihe von Bestandteilen weist einen ausgeprägten Tagesrhythmus auf.

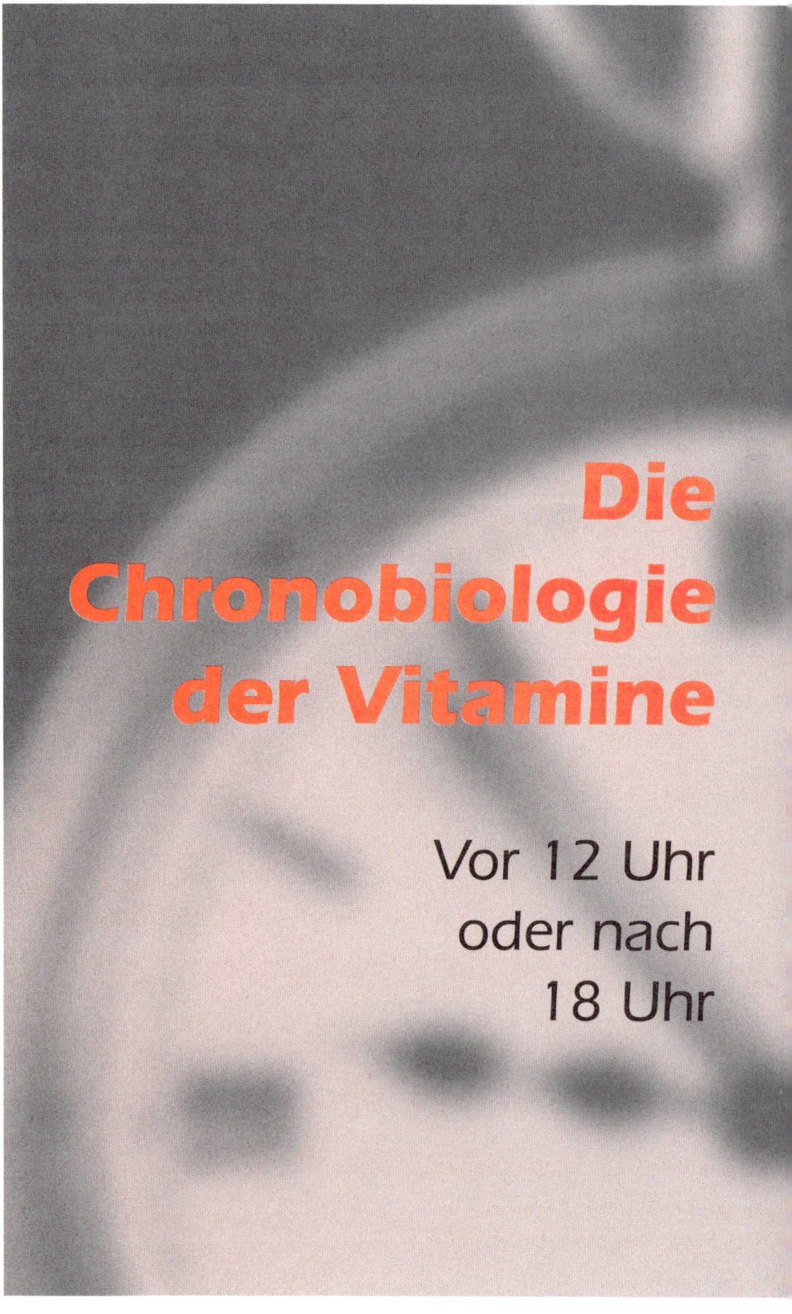

Die Chronobiologie der Vitamine

Vor 12 Uhr
oder nach
18 Uhr

In der Gunst kritischer Wissenschaftler erreichten manche Multivitaminpräparate noch nie den gleich hohen Stellenwert wie bei jenen Menschen, die an ihre versprochenen Wirkungen glauben. Vitamine sind natürliche Substanzen, die wir benötigen, um zu wachsen, um uns zu entwickeln und um zu funktionieren. Warum also sind Kombinationen aus Dutzenden Vitaminen nicht automatisch besser?

Die Antwort auf diese Frage war in der Vergangenheit ziemlich einfach: Multivitamipräparate besitzen mehr Inhaltsstoffe – aber sie haben auch mehr mögliche Fehlerquellen. Untersuchungen seit 2001 deckten auf: Manche Rezepturen enthielten nicht genau das, was das Etikett versprach. Einige Pillen hatten zu viel von einer bestimmten Substanz – im Extremfall das Sechsfache der empfohlenen täglichen Dosis –, andere zu wenig. Einzelne spalteten sich im Körper nicht so auf, wie sie sollten. Zusätzlich wurden Verunreinigungen gefunden.

Intelligente Multivitaminpräparate

Inzwischen muss ein modernes Urteil über ein kombiniertes Vitaminpräparat zusätzlich noch viel mehr berücksichtigen. Nämlich all das, was erst die Chronobiologie in den zurückliegenden Jahren in den Mittelpunkt des Interesses stellte: Welche Substanz wirkt am besten morgens? Welche zum Abend hin? Welche Stoffe passen zusammen? Werden ihre Funktionen verstärkt? Oder wird eventuell ein Wirkstoff durch einen anderen behindert?

Die Umstände einer optimalen Verabreichung berücksichtigen vier mögliche Probleme:

1. Unerwünschte Effekte durch ein weiteres Vitamin oder einen Mineralstoff.

2. Die Notwendigkeit einer unterstützenden oder begleitenden Substanz.

3. Die unterschiedlichen Bedürfnisse des Körpers im Lauf des Tages.

4. Die unleugbaren biologischen Effekte von Vitaminen und Mineralien auf unsere inneren Uhren! Es gibt z. B. mittlerweile keinen Zweifel mehr: Gewisse Mineralien dürfen nur mit acht bis zwölf Stunden Abstand voneinander eingenommen werden.

Daraus entstand die neue Philosophie wirklich intelligenter Multivitaminpräparate: Gib dem Körper, was er für bestimmte Funktionen des Stoffwechsels braucht. Gib ihm genau, wie viel er braucht, wann er es braucht und wie er es braucht.

Morgen- und Abendtabletten

Die Chronobiologie der Vitamine und Mineralstoffe ist eine Wissenschaft der beiden Tageshälften. In Wasser lösliche Substanzen werden rascher wirksam als jene, die durch ein Fett in den Körper eingeschleust werden. Es kristallisiert sich eine Morgengruppe und eine Abendgruppe heraus.

Hier einige von mehreren Dutzend wissenschaftlicher Einschätzungen zu diesem Thema:

- Die Substanzen für die erste Tageshälfte werden angeführt von fettlöslichen Vitaminen wie A, D, E und K – am besten nach dem Frühstück einnehmen.
- Kalzium und Phosphor werden morgens am besten aufgenommen. Eine ganze Reihe von Substanzen, etwa Vitamin B1, B2 und B3, würden von Kalzium behindert werden – deshalb haben sie ihren sinnvollen Einsatz erst am Abend.
- Die Vitamine C und B6 sind aktivierend – abends würden sie schlafstörend wirken.

▶ Wichtige Spurenelemente – Selen, Mangan, Molybdän, Jod, Nickel, Zinn, Chrom, Vanadium – sind wertvoller am Morgen. Selen und die Vitamine A, C und E bilden eine starke Kombination. Aber nur bei gleichzeitiger Abwesenheit von Eisen und Kupfer.

▶ Gegen 18 Uhr beginnt die Prime Time anderer wertvoller Substanzen: der umfangreiche Vitamin-B-Komplex (mit Ausnahme des erwähnten Vitamin B 6 für den Start in den Tag), Magnesium, Kalium, Zink und Chlor. Außerdem gemeinsam Eisen und Kupfer (bei zwingender Abwesenheit von Vitamin C) sowie ebenfalls im Doppelpack Folsäure und Eisen.

Während das Prinzip der Unterstützung am Morgen und am Abend grundsätzlich gilt, können besondere Lebensverhältnisse noch genauer berücksichtigt werden, z. B. die Zeit der Schwangerschaft oder die Problematik von Herzschwäche.

Fokus Forschung: Chronobiologische Tabletten

Für viele Substanzen kennt die Chronobiologie optimale Wirkungsbedingungen. Eine Reihe von modernen Präparaten enthält bereits Mikro-Biosubstanzen, verpackt in einer einzigen täglichen Verabreichung, jedoch mit Zeitschloss oder unterschiedlichem Aktionstempo: die Morgentablette bis 12 Uhr oder die Abendtablette ab 18 Uhr. Doch das Forschen hat gerade erst vor wenigen Jahren begonnen …

Besser leben
nach der
inneren Uhr
Die Chrono-
biologie für
Körper und
Geist nutzen

Mit Hilfe der Chronobiologie können Sie eine Menge für Ihre körperliche, geistige und seelische Gesundheit tun. Im Folgenden finden Sie viele Tipps für Gelenke, Knochen, Herz, Schlaf, Gedächtnis, Gemüt, Gewicht, Schwangerschaft und Fitness.

Gelenke: Anti-Aging-Kur gegen Arthrose

Bisher galt es als unvermeidlich, dass unsere Gelenke im Verlauf des Lebens an Qualität verlieren. Durch Verletzung, durch mangelndes Ausheilen, durch Überbeanspruchung, aber auch durch fehlende Gymnastik und andere vorbeugende Bewegung. Moderner Lifestyle kombiniert stundenlanges Stillsitzen beim Fernsehen mit impulsiven körperlichen Einsätzen für Fitness und Fun – eine gefährliche Kombination.

In den Kontaktsportarten wie Fußball, Handball oder Eishockey ist es der direkte Schlag gegen ein Gelenk. Bei Volleyball, im Schnee oder auf dem Tanzparkett passieren die meisten Unfälle ohne Einwirkung eines Gegners durch Verdrehung. Neue Sportarten wie Inlineskating, Mountainbiking und Snowboarding holen in den Unfallstatistiken mächtig auf. Als Folge galt Arthrose als unabwendbar und unheilbar. Betroffene schluckten gegen unerträgliche Schmerzen Tabletten und den meisten von ihnen erschien die Entscheidung für das erste künstliche Gelenk schon in der Mitte des Lebens unausweichlich.

Knorpelschützende Wirkstoffe

Doch vor etwa zehn Jahren begannen europäische Orthopäden und Sportchirurgen, mit knorpelschützenden Wirkstoffen zu experimentieren. Die neue Art der Arthrosebehandlung befreite immer mehr Menschen mit Gelenkschmerzen von den schlimmsten Beschwerden. Das war der Startschuss zu einer Behandlungsform ohne Chirurgie, ohne Nebenwirkungen. Sie ging als Arthrosekur in die Auflistung erfolgreicher Innovationen ein.

Erkenntnisse aus der Chronobiologie haben diese therapeutischen Möglichkeiten erweitert und vertieft. Erstmals besitzen wir eine Rezeptur der notwendigen Komponenten mit Zeitschloss. Sie ermöglichen eine Revitalisierung strapazierter Knorpelflächen. Aber im Wesentlichen geht es auch darum, den Gelenken genügend – seien Sie jetzt nicht enttäuscht! – Wasser und Zuckerabkömmlinge zuzuführen. Sie sind die Schmierstoffe der Gelenke. Wasser ermöglicht darüber hinaus ihre Ernährung, und es transportiert verbrauchte Stoffwechselprodukte ab. Ohne Wassermoleküle verliert die Knorpelfläche innerhalb der Gelenke ihre stoßdämpfende Fähigkeit. Es kommt zu Rissen, Spaltungen und anderen Formen von Verschleiß. Offensichtlich produziert der Körper mit zunehmendem Alter oder bei unpassender Beanspruchung zu wenig Wirkstoffe, um Knorpelmasse gesund zu erhalten. In Italien, Frankreich, Argentinien und anderen Ländern wurden Versuchspatienten solche Nährstoffe zugeführt – durch Einnahme oder Injektion. Stets wurde parallel eine weitere Testgruppe des gleichen Alters und mit den identischen Beschwerden nur zum Schein behandelt, mit Placebo-Präparaten.

Chronotherapie gegen Arthrose

Zwei Substanzen erwiesen sich in mehreren klinischen Studien als vernünftige Antwort: Es sind die Schwefelsalze der Zuckerabkömmlinge – Glucosaminsulfat und Chondroitinsulfat. Völlig nebenwirkungsfrei übernehmen sie die Funktion der fehlenden körpereigenen Wirkstoffe. Ein Kombinationspräparat aus beiden,

Glucochondrin, ist nun erhältlich. Zur cleveren Dosierung gehört der optimale Zeitpunkt: Die Wirkstoffe sollen nach der Passage durch Magen und Darm genau dann im Blut zur Verfügung stehen, wenn die Knorpelzellen sie am nötigsten haben. Durch die derzeitige Darreichungsform ist dies nun erstmalig möglich. Gleichzeitig entsteht bereits eine Weiterentwicklung mit Hyaluronsäure und der Substanz MSM: Sie heißt »Arthrochron« und wird Mitte 2006 nach Abschluss klinischer Studien zur Verfügung stehen.

»Arthochron« ist so abgestimmt, dass im geeigneten Zeitpunkt eine optimale Aufnahme gewährleistet werden kann. Darüber hinaus garantiert die Ausgewogenheit an Kalzium und anderen Mineralien eine Regeneration des Knorpels sowie eine Erneuerung der Gelenkflüssigkeit. Erst durch diesen therapeutischen Ansatz ist es möglich, ein Außerkraftsetzen der Arthroseursachen einzuleiten. Das ist die Grundvoraussetzung einer kurativen Behandlung dieses Krankheitsbilds.

Gewicht: Abnehmen ohne Verzicht

Eine Kalorie ist nicht immer eine Kalorie. Sie ist mal weniger, mal mehr. Je nachdem, was unser Stoffwechsel aus ihr macht. Zu gewissen Tageszeiten gewinnen wir aus dem, was wir essen, mehr Energie. Kohlenhydrate werden z. B. am Morgen schneller verbrannt als abends.

Bei Tieren wird eine besondere Nahrungsuhr im Gehirn vermutet. Sie wird nicht durch Licht gesteuert. Manche Arten ernähren sich tagelang nicht, auch wenn sie es könnten. Und doch ist ihnen ständig die einzige Stunde bewusst, zu der in ihrer Umwelt ein bestimmter Leckerbissen verfügbar ist.

Verschiebungen unserer Mahlzeiten berühren massiv unseren 24-Stunden-Rhythmus. Testergebnisse belegen das eindringlich: Testpersonen wurde einzig das Frühstück gestattet. Ihr Insulinspiegel erreichte den Höchstwert um 10 Uhr, der Blutzucker um 11 Uhr. War das einzige Essen ein Mittagsmahl, zeigten sich die beiden Maximalwerte um 18 und um 23 Uhr. Das beweist: Sage mir, was du isst – das sagt zu wenig aus. Auch auf das wann kommt es an!

In den Industrieländern sind bis zu 45 Prozent der Bevölkerung übergewichtig. Viele Menschen, die Gewicht verlieren möchten, geraten dabei in einen Teufelskreis: Während einer Diät nehmen sie einige Pfunde ab. Doch kaum essen sie wieder normal, legen sie zu und bringen bald mehr auf die Waage als vor ihren Bemühungen. Dieser Jo-Jo-Effekt wirkt entmutigend. Den Frust kompensieren manche dann durch verstärktes Essen. Ein Teufelskreis!

Warum herkömmliche Diäten oft scheitern

Dass man rasch wieder zunimmt, ist nicht allein auf größeren Appetit zurückzuführen. Die meisten Schlankheitskuren sind so genannte Karenzdiäten. Dem Körper wird ganz bewusst ein Ernährungsstoff, z. B. Fette, vorenthalten. Der Körper gewöhnt sich nach einiger Zeit an die Minderversorgung und lebt verstärkt von seinen Reserven. Das bedeutet vorerst einen erfreulichen Gewichtsverlust. Gleichzeitig werden jedoch auch lebensnotwendige Stoffe stark vermindert aufgenommen, beispielsweise bestimmte Vitamine, denn für sie ist eine ausgewogene Fettzufuhr notwendig. Es entsteht ein bedingter Mangel an diesen Substanzen. Um dieses Defizit möglichst schnell zu kompensieren, verstärkt der Organismus den Appetit. Und er verwertet jedes Tröpfchen Fett stärker als sonst, denn es enthält die fehlenden Vitalstoffe. So kommt es zu neuem Überschuss an Energie – und neuen Fettzellen!

Ein zuverlässiger Fluchthelfer aus dem Teufelskreis ist der chronobiologische Ansatz mithilfe des neuen Nahrungsergänzungsmittels »Chronoslim«. Es hilft, Gewicht zu reduzieren ohne Verzicht. Kein einziges Nahrungsmittel muss weggelassen werden. »Chronoslim« ist das erste Produkt, das nach biologischen Gesetzmäßigkeiten den körpereigenen Verbrennungsmotor ankurbelt. Basierend auf dem Wissen der Chronotherapie, unterstützt es den Organismus in seinem eigenen Rhythmus: Gewisse physiologische Prozesse sind an bestimmte Tageszeiten gekoppelt. Substanzen, die den Stoffwechsel aktivieren, sollten wir morgens nehmen. Sie setzen Energie frei, die man im Lauf des Tages gut umsetzen kann. Nachts würde diese Power dem Körper gar nichts nützen. Andere Wirkstoffe schleusen Abbauprodukte aus oder erleichtern die Erholung von stoffwechselbedingtem Stress. Sie machen abends größten Sinn.

»Chronoslim« hat für morgens, mittags und abends verschiedene Tabletten. Sie stecken in einem so genannten DiverBlisters, der Tag und Zeit der Einnahme angibt. Müheloser geht's nicht.

Weniger Appetit und mehr Fettverbrennung

»Chronoslim« kombiniert mehrere Prinzipien. Gemeinsam unterstützen sie das angepeilte Gewichtsmanagement ohne nennenswerte unerwünschte Nebenwirkungen: Ein Teil der Substanzen hat einen appetithemmenden Effekt. Denn sie wecken das Sättigungszentrum des zentralen Nervensystems. Andere Wirkstoffe verstärken die Fettverbrennung. Sie regulieren den Fettstoffwechsel und bremsen den Aufbau neuer Fettdepots. Darüber hinaus werden auch die Durchblutung und die Lymphdränage angeregt.

Als Mediziner und Experte für Chronobiologie empfehle ich allen Personen, sich beim Abnehmen auf keinen Fall unter Druck zu setzen. »Chronoslim« ermöglicht es allen, nach dem eigenen Rhythmus stressfrei und dauerhaft Gewicht zu verlieren. Ein erfolgreiches und positives Gewichtsmanagement ist möglich.

Die Inhaltsstoffe

Das neue Nahrungsergänzungsmittel »Chronoslim« macht sich den aktuellen Wissensstand über Gewichtsmanagement und die Chronotherapie zunutze: Morgens kurbelt es den Verbrennungsprozess des Körpers an und abends entschlackt es. Bei der Umsetzung dieser Vorgänge helfen natürliche Inhaltsstoffe.

Bitterorange
Ihr Extrakt enthält bestimmte Substanzen (Synephrin, N-Methyltiramin, Horderin, Octopamin und Tyramin), die für Stoffwechselprozesse im Muskel- und Fettgewebe verantwortlich sind. Der wichtigste Biostoff im Zusammenhang mit Gewichtsmanagement ist Synephrin. Es wirkt einerseits im zentralen Nervensystem (ZNS), wo es das Hungergefühl hemmt, und erhöht andererseits den Fettabbau. Dadurch wächst die fettfreie Masse.

Grüner Tee
Die Vitalstoffe Koffein, Theobromin und Theophyllin stimulieren ZNS und Stoffwechsel, optimieren so das allgemeine Wohlbefinden und fördern die Verdauung. Zudem wirkt grüner Tee antioxidativ und hilft dem Organismus beim Kampf gegen freie Radikale.

Oterin
Fettabbau kann sich auf den Herz-Kreislauf-Bereich auswirken und sowohl den Blutdruck als auch die Herzfrequenz erhöhen. Oterin blockiert diesen blutdrucksteigernden Effekt.

Chrom-O-koordiniertes Polynicotinat

Das lebensnotwendige Spurenelement Chrom kurbelt die Aktivität des Insulins an, so dass weniger Kohlenhydrate für die Neubildung von Fetten zur Verfügung stehen.

Fruchtextrakte

Die Fruchtxtrakte enthalten sekundäre Pflanzenstoffe, wie Bioflavonoide, Vitamine und Ballaststoffe. Bioflavonoide selbst sind meist farblos, manche von ihnen sind jedoch für die leuchtenden Farben vieler Obst- und Gemüsesorten verantwortlich. Bisher wurden über 4000 verschiedene Flavonoide identifiziert und erforscht. Viele von ihnen werden auch »Fatburner« und »Skin-Modulatoren« genannt, da sie eine positive Wirkung auf Zellulite haben: Insgesamt werden die Durchblutung verbessert und die Fettdepots zum Schmelzen gebracht. In der Folge bessert sich die Zellulite. »Chronoslim« versorgt mit: Zitrus-Bioflavonoid-Komplex, Ananasextrakt, Centellaextrakt, Papayaextrakt, Javateeextrakt, Gewürzkrautextrakt sowie Ballaststoffen.

Bewegung nicht vergessen!

Auch bei Unterstützung durch den chronobiologischen Ansatz durch »Chronoslim« nimmt eine Gewichtsabnahme Zeit in Anspruch. Erste Erfolge stellen sich in der Regel innerhalb von drei, vier Wochen ein. Beste Ergebnisse wurden mit Kuren von zwei Monaten erzielt, die mit einer möglichst täglichen, halbstündigen, leichten körperlichen Aktivität kombiniert wurden wie beispielsweise Spazierengehen. In einigen wenigen Fällen zeigte die Waage keine Gewichtsabnahme. Bei diesen Personen hatte die Fettmasse abgenommen, während das Muskelvolumen anwuchs. Unterm Strich blieb das Gewicht gleich.

Schwangerschaft: die bedarfsgerechte Vitaminkur

Während der neun Monate im Mutterleib und in der Kindheit braucht der Körper mehr Vitamine und Mineralstoffe als sonst. Ihr Arzt muss wissen, welche Medikamente oder Präparate Sie möglicherweise bereits einnehmen, besonders solche zur Beeinflussung der Blutgerinnung.

Für die werdende Mutter wurde die chronobiologische Formel »Pregnachron« entwickelt. Das Präparat versorgt mit den Vitaminen A, B6, D3, C, E und K1 überwiegend morgens; gleichzeitig mit Chrom, Selen, Jod und Molybdän. Zum Abend hin werden Vitamine aus dem B-Komplex und Folsäure eingebracht, ebenso Magnesium, Eisen, Kupfer und Zink – als »pünktliche« Pille mit Zeitschloss.

Knochen: intelligenter Mix gegen Osteoporose

Der altersbedingte Verlust an Knochensubstanz, die gefürchtete Osteoporose, muss nicht aktionslos hingenommen werden. Denn die drei eigentlichen Komponenten – Kalzium, Magnesium und Vitamin D3 –, die für die Knochengesundheit und -stabilität hauptsächlich verantwortlich sind, können als Besonderheit aus den Erkenntnissen der Chronobiologie jetzt mit einem exakt notwendigen, adäquaten Phosphoranteil kombiniert werden. Gemeinsam werden sie so »verpackt«, dass sie sich nicht in der Aufnahme durch den Knochen behindern. Kalzium wird am Morgen wirksam, Magnesium am Abend.

Das chronobiologische Osteoporosepräparat »Osteochron« befindet sich in klinischer Entwicklung – und ab Mitte 2006 wird es in den Handel kommen.

Herz: im richtigen Augenblick genügend Kraft

Aufeinander abgestimmte Vitamine in Verbindung mit Mineralstoffen und Fettsäuren schützen den Stoffwechsel des Herzens rund um die Uhr. Voraussetzung: Die einzelnen Substanzen behindern sich in ihren Wirkungen nicht untereinander. Ein eingebautes Zeitschloss gibt die Wirkstoffe auf der vorgegebenen Basis frei. Das ist das Prinzip der intelligenten Komposition »Cardiochron« – ein Präparat, das Ihr Herz auf Dauer in Schwung hält.

Gedächtnis: Pflanzenextrakte zum idealen Zeitpunkt

Das ist Ihnen vermutlich nicht ganz unbekannt: Sie sind in eine Diskussion verwickelt. Die Argumente fliegen hin und her. Irgendwann ist alles gesagt. 10 bis 20 Minuten später trifft es Sie wie ein Blitzschlag. Sie haben einen wichtigen Gedanken vergessen. Es ist fast nicht zu verstehen. Aber er stand Ihnen einfach nicht zur Verfügung, als Sie ihn hätten gut gebrauchen können.

»Ich wollte, ich hätte das gesagt ...«, denken wir oft – nach einem unerwarteten Kompliment, nach einer Auseinandersetzung am Arbeitsplatz, nach einem Vorstellungsgespräch. Hat es Sie auf dem falschen Fuß erwischt? Natürlich nicht. Es ist das Gehirn, das mitunter seine Zeit braucht oder eine Auszeit nimmt.

Gehirnleistung kann wieder verbessert werden

Im Alter kann diese Auszeit zur Regel werden. Degenerationsprozesse des Nervensystems reduzieren nach und nach die Leistung des Gehirns. Das ist kein unumkehrbarer Prozess! Nach nur sechs Monaten Therapie mit einem ausgeklügelten Chronobiologiere-

Pisa ist auch ein Uhrenproblem
Die Noten unserer Schüler wären besser, würde der tägliche Schulbeginn nach hinten verschoben werden. Einige Nationen haben das gemacht – mit sehr guten Ergebnissen in wichtigen Pisa-Kategorien.

zept für das Gehirn konnte das cognitive Potenzial im Alter wieder gesteigert werden. Das dabei erfolgreich eingesetzte Präparat »Memochron« beruht auf dem Basisprinzip: Vitamine und Mineralstoffe zu ihrer Zeit. Wobei die Wirkstoffe durch Biosubstanzen aus der Natur wie Ginkgo biloba oder Ginseng unterstützt werden.

Rhythmen des Gehirns

Über das Denken, Lernen und Speichern im Informationszeitalter hat die jüngste Wissenschaft erstaunliche Befunde beigesteuert.

Auch der innere Tag des Kopfes hat seine Rhythmen. Das Gehirn arbeitet schärfer oder schwächer in einer Kurve, die dem Verlauf der Körpertemperatur innerhalb von 24 Stunden ähnelt. Das wurde mittels einfacher Aufgaben ermittelt: Testpersonen mussten in einem vorgegebenen Text einen bestimmten Buchstaben, z. B. K, entdecken und markieren. Wurden schwierigere Aufgaben gestellt, so zeigte sich in den meisten Fällen ein Auf und Ab der Leistungsfähigkeit des Gehirns innerhalb einer Periode von nur 21 Stunden. Häufig erzielten die Getesteten die besten Ergebnisse am späten Vormittag oder am Nachmittag.

Chronobiologie in Abhängigkeit vom Lebensalter

Morgenstund' hat demnach keinesfalls immer Gold im Mund. Erwachsene schaffen den Start in den Tag doch irgendwie unproblematisch – weil äußere Zeitgeber wie z. B. der Arbeitsbeginn irgendwann ganz automatisch Wirkung zeigen. Jugendliche haben Anspruch auf wesentlich mehr Verständnis. Die Chronobiologie des Alltags hängt nicht nur von den Genen, sondern auch von der Lebensphase ab. Heranwachsende zeigen oft eine Rhythmusverschiebung um etwa eine Stunde. Hätten sie die Wahl, würden sie einem Schlaf-wach-Rhythmus gehorchen, der im Vergleich zu ihren Eltern etwas später schwingt. Ihre innere Uhr hält sie noch wach, während sie längst tief schlafen sollten. Diese Erholungszeit fehlt den Jugendlichen. Die geforderte morgendliche Leistungsphase beginnt somit unphysiologisch in der für sie biologisch programmierten zweiten Hälfte der Nacht. Diese Störung wirkt sich auf das Denkvermögen aus. Die Konsolidierung von Lerninhalten ist erschwert (siehe dazu auch den Kasten auf Seite 218).

Verschiedene Phasen in der Entwicklung von Kindern

Für das Erlernen wichtiger Zusammenhänge kennen wir in der Entwicklung des Kindes entscheidende Phasen. Für Fremdsprachen beginnt im Alter von sechs Jahren die beste Zeit. Kinder

Unterschätzte Gefahr

Die Fähigkeit, Tiefe zu begreifen, ist bei einem Kind erst in einem Alter von neun Jahren vollständig entwickelt. Mit fünf bis sieben Jahren erkennt es Kontraste und Farben. Das sechs bis zwölf Jahre alte Kind nimmt Formen wahr. Bei Fünf- und Sechsjährigen ist das Gefahrenbewusstsein noch kaum entwickelt. Kritische Situationen im Voraus zu erkennen und abzuwehren, dieses Bewusstsein entwickelt sich ab neun Jahren. Die Kur- und Bäderbetriebe Stuttgart zollen dem Rechnung und zeigen auf einem Plakat einen Teddybär bis zum Hals im Wasser. Mit dem Aufruf: »VORSICHT! Lassen Sie Ihr Kind niemals aus den Augen!«

haben Erkundigungs- und Tatendrang. Sie sind schnell ablenkbar. Sie verhalten sich spontan. Ein Projekt der Bädergesellschaft Düsseldorf für mehr Sicherheit hat einigen Eltern wahrlich erst die Augen geöffnet. Der Anlass war leider sehr traurig: Ein sechsjähriges Kind war in einem Freibad ertrunken, ein anderes beinahe. Beide waren Nichtschwimmer und beide wurden im Tiefwasser aufgefunden.

Wie das Gehirn Musik hört

Warum Bewusstsein sich in Stufen entwickelt, ist nicht bekannt. Das Gehirn beinhaltet noch viele Rätsel. Besonders das Langzeitgedächtnis ist nicht so leicht zu durchschauen. Musik ist ein beliebtes Feld der Forschung, um einige dieser Geheimnisse zu knacken.

Setzt eine Melodie sich aus mehreren Noten zusammen, kommt sie uns länger vor als eine ebenso lange mit weniger Tönen. Wir lieben bestimmte Kompositionen und haben sie exakt im Ohr. Spielt man die Abfolge ihrer Noten rückwärts, erscheint einem das Ergebnis länger. Daraus schließt man: Neues, Unerwartetes nimmt bei der Wahrnehmung mehr Zeit in Anspruch. Tage, an denen uns vieles gelingt, erscheinen kürzer als andere: Man vermutet, dass sie sich aus stärker geordneten Abläufen zusammensetzen als jene voller Missgeschick. Diese Ordnung lässt Zeit rascher verstreichen.

Auch die Leistung unseres Nervensystems und der Sinne ist rhythmisch. Es können sogar große Intervalle auftreten, in denen Wahrnehmung noch nicht als Erinnerung gespeichert ist. Die so genannte retrospektive Amnesie kann nach einem Autocrash die tragische Wahrheit ausklammern, bis das Bewusstsein im Stande ist, die Realität zu verarbeiten. Noch laufende Untersuchungen gehen der Frage nach: Leiden Unfallopfer tagsüber unter diesem Phänomen stärker als in der Nacht?

Intelligenz braucht Zeit
Erfreulich ist die Erkenntnis: Wenn man einem weniger begabten Kind mehr Zeit einräumt, werden seine Gedächtnisleistungen kaum niedriger sein als jene von Gleichaltrigen mit wacherer Intelligenz.

Für das Lernen scheint es geeignete und weniger geeignete Stunden zu geben. Leider klappt ein lang gehegter Wunsch wirklich nicht: im Schlaf zu lernen. Ähnlich wie die Bewegungen der meisten Muskeln unterliegen auch die Bausteine unserer Erinnerung einer nächtlichen Sperrstunde.

Auch tagsüber unterliegt unser Gedächtnis zyklischen Schwankungen. Der Zeitraum, in dem Heranwachsende sich konzentriert mit einem bestimmten Inhalt befassen können, dürfte real kaum länger als eine halbe Stunde sein. Unser Schulsystem öffnet zwar seine Tore zu früh, es teilt jedoch den Unterrichtstag glücklicherweise in nicht zu lange Häppchen.

Tag- und Nachtmenschen

Pädagogen sind auf Grund langjähriger Beobachtung in der Lage, in Bezug auf die Aufmerksamkeit von Schülern grobe Unterteilungen zu erkennen. Sie unterscheiden drei Gruppen: Frühstarter, Spätstarter und Heranwachsende ohne eine besondere Tageszeitabhängigkeit.

▸ Nachtmenschen, die so genannten Eulen (siehe Seite 184ff.), werden durch das herrschende Unterrichtswesen besonders benachteiligt. Ihre höchste Aufmerksamkeit erreichen sie zwischen 17 und 18 Uhr. Gehörtes und Gelesenes wird dann optimal verarbeitet. Auch ihr Herz-Kreislauf-System ist gegen Ende des Nachmittags in Top-Form. Sie haben keine Mühe, lernend die Nacht zum Tage zu machen.

Information für 15 Sekunden
Das Kurzzeitgedächtnis scheint ein ausgeklügeltes Schutzprogramm unseres Gehirns zu sein. Wir behalten eine Information für etwa 15 Sekunden – dann wird entschieden, ob sie gelöscht oder gespeichert wird. Sie schlagen eine Telefonnummer nach, sie wiederholen sie laut wieder und wieder, und Sie müssen sich sehr beeilen, um rechtzeitig die entsprechenden Telefontasten zu aktivieren. Angeblich können wir uns kurzzeitig sieben Inhalte gleichzeitig merken. Die täglichen Fahrten in öffentlichen Verkehrsmitteln zur und von der Arbeit verblassen in unserer Erinnerung gegen null. Mit Überflüssigem wird die Erinnerung nicht belastet. Auch das macht Lernen so schwierig. Wir müssen das Gehirn davon überzeugen, dass es Sinn hat, diesen Stoff zu behalten.

▸ Wer eine ausgeprägte Neigung zum munteren Lernen am Morgen zeigt, ist vermutlich eine Lerche. Bestzeit wird von 11 bis 12 Uhr vermutet. Mehrere Körperrhythmen gipfeln ein bis zwei Stunden früher. Der am stärksten beschleunigte Herzschlag wird schon gegen 11 Uhr gemessen. Frühstarter sind am produktivsten am Morgen und am Vormittag, eindeutiges Leistungstief am Abend.
▸ Menschen mit weniger ausgeprägter Zeitkategorie verzeichnen mitunter zwei sehr gute Phasen: von Mittag bis 14 Uhr und später noch einmal von 17 bis 18 Uhr.

Was wird im Gedächtnis gespeichert und was nicht?

Schlaf ist eine kritische Säule unserer Gehirnleistungen. Wer schlecht schläft, stört die Harmonie gewisser Hormone und Neurotransmitter (Botenstoffe). Unausweichlich beeinträchtigt das unsere Fähigkeit, Informationen zu verarbeiten und sich an sie zu erinnern. Nicht selten bedauern wir die Entscheidungen unserer auf kurze Zeit angelegten Gedächtnisspeicher. Träume beispielsweise hält es in der Regel nur für wenige Augenblicke fest. Schätzungen gehen dahin, dass nur etwa der Inhalt jedes 20. Traumes irgendwie behalten werden kann. Unser Bewusstsein schaltet um auf Einwegsystem.

Wissenschaftler vermuten: Eine Umschaltstelle der Großhirnrinde, der Thalamus, markiert alles Wichtige und Bedeutungsvolle. Damit erhält das restliche Gehirn den Auftrag, es zu speichern.

Dieses Langzeitgedächtnis ist untrennbar mit Vergangenem verbunden. Wissenschaftler unterscheiden mehrere Bereiche – wie Daten, Prozeduren und Episoden. Meistens merken wir uns konkrete Einzelheiten, aber nicht, wann wir sie gespeichert haben. Welche Postleitzahl? Wie wechselt man den Autoreifen? Wann war unser Ägyptenurlaub? Nur wenige Erinnerungen kreisen um einen bestimmten Augenblick, einen konkreten Tag. Auch lange zurückliegende Inhalte bleiben lebendig und formbar. Wir sehen »Lawrence von Arabien« zum zweiten Mal und verarbeiten vieles wieder anders. Wir unterscheiden zwischen »Ich vermute« und »Ich weiß«. Dabei kann das Gehirn uns einen Streich spielen. Jeder Verteidiger in einem Strafprozess wird nichts mehr fürchten als die Abhängigkeit von einem wichtigen Zeugen. Menschen, die zuverlässig wirken wie ein Aufzeichnungsgerät, können eine völlig eigene Wahrnehmung der Wahrheit haben, nämlich eine falsche.

Auf der Spur von Speed

Besonders die Erinnerung an Zeit ist labil. Versuche mit der Wirkung von Rauschgift zeigen: Unter dem Einfluss von Marihuana verlieren Drogenkonsumenten die Fähigkeit, die Dauer einer Minute genau zu schätzen. Sie sagen »jetzt!«, wenn der Zeiger einer Stoppuhr erst 30 Sekunden anzeigt. Das Empfinden von Zeit wird beschleunigt. Drogen verdanken diesem Phänomen die Bezeichnung »Speed«, Geschwindigkeit.

Überlebenswichtiges Gedächtnis

Die Aktivitäten von Überaufmerksamkeit können wir messen. Wenn wir einen Ton hören oder einen Blitz wahrnehmen, bilden sich im Gehirn winzige elektrische Impulse. Testpersonen wurde angekündigt: Zwei Sekunden nach einem Lichtreflex folgt ein akustisches Signal. Bereits in der Wartephase nahm die elektrische Spannung im Gehirn zu. Es war dieses Vorhersehen eines Ereignisses, das dem Menschen das Überleben ermöglichte. Auch wir können fast alles um uns verdrängen, während wir auf den Auftakt der »Tagesschau« warten oder auf das Signal der Eieruhr.

Langzeitgedächtnis half unseren Vorfahren, ihre Fähigkeiten zu entwickeln und bei Bedarf abzurufen. Doch neben den unverzichtbaren Informationen sammelte das menschliche Gehirn auch Erinnerungen, die nicht vom Zwang der Evolution diktiert wurden. Ihre Stunde kam, sobald die nackte Existenz gesichert war – als die erste Gruppe sich um ein Feuer scharte und der Älteste, Erfahrenste und Weiseste unter ihnen anfing zu erzählen, was er wusste.

Schlaf: Hormonmangel im Alter ausgleichen

Die Umschaltzentrale für Licht, Zeit und Jahreszeit im menschlichen Gehirn ist die Zirbeldrüse. Mit elektrischen Impulsen übertragene Botschaften werden hier in ein Hormon umgewandelt, in Melatonin. Es ähnelt in seinen Strukturen dem Glückshormon Serotonin. Seine herausragende Bedeutung hat Melatonin als wichtigster Botenstoff für den Schlaf-wach-Rhythmus.

Doch es gibt ein Problem: Je älter wir werden, um so niedriger wird die Produktion von Melatonin in der Nacht und umso kürzer wird das von ihm gegeben Signal, da es häufig erst nach Mitternacht anfängt. Bei Tagesanbruch stoppt die Ausschüttung dieses Botenstoffs jedoch weiterhin pünktlich. Das führt dazu, dass älteren Menschen dieses Hormon durch ihren Körper über einen viel kürzeren Zeitraum in zu geringen Mengen und damit insgesamt immer weniger zur Verfügung steht.

Hier erhält die Chronobiologie die Einladung zu einem eminent wichtigen Auftritt: Was für Vitamine und Mineralien gilt, hat auch für Hormone Bedeutung! Man kann sie dem Körper inzwischen raffiniert und pünktlich zur Verfügung stellen.

Melatonin – Hormon mit Kurzzeitwirkung

Das ist ein existentieller Vorteil. Denn wie das von der Sonne erzeugte Licht bei Tag hilft das Hormon Melatonin bei der Steuerung unserer inneren Uhren bei Nacht. Erstaunlich ist: Selbst Nachttiere werden nachts, also während ihrer Aktivphase, am stärksten mit Melatonin versorgt. Es könnte ein biochemischer Informationsträger sein, der Botschaften nicht nur über die Zeit des Tages vermittelt, sondern auch über die Jahreszeit. Tierversuche haben bewiesen: Ohne Verlängerung oder Verkürzung ihres körpereigenen Melatoninsignals fehlen wichtige Hinweise auf die Länge des Tages. Im Winter mit seinen längeren dunklen Stunden wird unser Blut mit diesem Hormon deutlich länger angereichert als im Sommer. Unabhängig von der jeweiligen Länge des Signals erreicht der Mensch am Ende der Pubertät seine höchsten Werte überhaupt.

Unter Berücksichtigung seiner Bedeutung als wichtiger Taktgeber ist die Wirkungszeit, als Halbwertzeit gemessen, von Melatonin verblüffend kurz. Wir brauchen es sehr schnell auf: Nach einer halben Stunde ist nur noch die Hälfte der Ausgangsmenge im Blut. Weitere 30 Minuten später nur noch ein Viertel usw. Nach zwei Stunden ist der Effekt fast vorbei.

Schlaf steht in Verbindung mit der Veränderung Tausender biologischer Funktionen. In unserer Wachphase unterhalten wir einen ständigen Dialog der Orientierung und Aufmerksamkeit gegenüber der Außenwelt und mit uns selbst. Vermutlich sind nicht alle diese Funktionen völlig auf Null, während wir schlafen. Allerdings verlieren wir weitgehend die Kontrolle über das Bewusstsein.

Auswirkungen von schlechtem Schlaf

Zeit ist ein Werkzeug, ein Instrument. Es erlaubt dem Organismus zu verhindern, dass alles oder vieles im selben Augenblick geschieht. Zeit schafft Ordnung. Sie ist die Grundlage der biochemischen Perioden. Ihre Abschnitte folgen aufeinander. Diese Interpretation durch einige Philosophen wird widerlegt, wenn der Aktivitäts-Ruhe-Rhythmus gestört ist. Messungen der Gehirnströme belegen: Bei chronischen Schlafproblemen ist die intelligente Zeiteinteilung der Erholungsphase verschoben. Betroffene können, übertrieben formuliert, zur gleichen Zeit sowohl wachen als auch schlafen. Die Auswirkungen erstrecken sich weit in die hellen Abschnitte des Tages hinein. Besonders das Wahrnehmungsvermögen und die Gefühlsempfindung können beeinträchtigt sein.

Frauen erleben für gewöhnlich ruhelosen Schlaf in den Nächten zwischen dem 25. Tag ihres Monatszyklus und dem zweiten des darauf folgenden.

Der Mensch ist vermutlich als einziges Lebewesen im Stande, Bilder im Kopf zu haben, die er nicht sehen kann. Schlaflosigkeit kann solche Visionen über Stunden abrufen. Das macht sie so quälend. Gedanken sind nicht leicht zu kontrollieren, Muskeln schon. Dr. Arnold Gessel von der Universität Philadelphia in Pennsylvania wies eine Verbindung zwischen Muskeln und mentalem Zustand nach. Muskelentspannung kann Gedanken von Ballast befreien.

Offensichtlich wird die Veranlagung zu einem ausgeprägten Schlafzyklus vererbt. Neugeborene ticken noch nicht richtig. In der Gebärmutter war es immer dunkel. Die Anpassung an den Tag-Nacht-Rhythmus unserer Lebenswelt dauert Wochen. Im Alter von einem Jahr schlafen die meisten an 12 bis 14 Stunden des Tages. Beim Zehnjährigen sind es nur noch neuneinhalb. Der Bedarf Heranwachsender steigt wieder auf zehn Stunden an. Aber der typische Schüler bekommt nur noch sieben Stunden Schlaf. In der Pubertät sind wir alle Eulen – Spätstarter. Es wird gewitzelt: Lerche und Eule könnten sich ein Bett teilen. Die eine schläft von 20 bis 4, die andere von 4 bis 12. 10 bis 15 Prozent der Bevölkerung passen in die Kategorie Morgenmensch, 15 bis 20 Prozent zeigen die Eigenschaften von Nachteulen. Rund zwei Drittel liegen dazwischen. Das bedeutet in der Praxis: Lerchen erwachen im Verhältnis zu den meisten Zeitgenossen ein bis zwei Stunden früher, Nachteulen ein bis zwei Stunden später. Diese Zeitverschiebung prägt die ganzen 24 Stunden.

Tipps, damit Sie im Takt bleiben

Sie können Ihrem Organismus helfen, den Schlaf-Wach-Rhythmus zu steuern:

Bewegen Sie sich in der zweiten Nachmittagshälfte wenigstens 20 Minuten lang. Schlafen Sie niemals hungrig ein. Entspannen Sie mindestens eine Minute lang die Muskeln. Machen Sie sich die Schwelle der Schläfrigkeit bewusst. Diskutieren Sie keine Geldfragen vor dem Zubettgehen. Verzichten Sie im Schlafzimmer auf Fernsehen, selbst ein ausgeschaltetes TV-Gerät strahlt noch lange schimmerndes Blaulicht ab. Nicht im Bett lesen, bis die Augen zufallen. Die Zirbeldrüse benötigt Dunkelheit für die Produktion des Melatonin. Wenn Alkohol, dann unbedingt vor Mitternacht.

Später in der Nacht ist die Wirkung wesentlich stärker und störender. Schauen Sie nachts nicht auf die Uhr. Bleiben Sie nicht länger im Bett, als Sie für Schlaf und Sex brauchen. Zeitüberschuss verschlechtert die Schlaffähigkeit.

Nehmen Sie nie Ihre Probleme mit ins Bett. Erregung überlagert die Absicht Ihres Gehirns, Entspannung einzuleiten. Psychologen empfehlen dringend die strikte Trennung von Stress und Schlaf. Der Trick: Wählen Sie einen bestimmten Stuhl, auf dem Sie Platz nehmen, wenn Sie grübeln wollen oder müssen.

Stresssituationen hemmen ebenfalls die Ausschüttung von Melatonin, ebenso einige Medikamente wie Antidepressiva, gewisse Schlafmittel und Herztherapeutika.

Melatonin als Therapie

Bei einer Störung des Zeitgefühls, mit Reaktionen wie beim Jetlag, kann Melatonin therapeutisch eingesetzt werden. Dies sollte von einem Arzt kontrolliert werden, da die Einnahme von Melatonin eine Hormonersatztherapie darstellt, ähnlich wie bei Östrogen oder Testosteron. Ein Erfolg setzt sowohl die richtige Dosierung, als auch den geeigneten Einnahmezeitpunkt voraus. Hier ist ein chronobiologisch geschulter Facharzt für Hormone der beste Begleiter.

Ein zugelassenes einfaches Melatoninpräparat steht in Europa zurzeit nicht zur Verfügung. Auf keinen Fall sollte deshalb auf ein ausländisches Präparat aus dem Supermarkt zurückgegriffen werden. Es gibt sie mit den Versprechungen »rasch wirksam« (fast released) und »langsam verfügbar« (slow released). Experten warnen jedoch vor Verunreinigungen und Qualitätsschwankungen.

Eines meiner Spezialgebiete ist die Erforschung der Wirkungen des Hormons Melatonin. Gemeinsam mit italienischen Kollegen habe ich eine zeitgemäße Formulierung (Präparatzusammensetzung) bestimmt, die mehrere Eigenschaften vereinigt. Eine schnell freisetzende Substanz ist für die Behandlung von Einschlafstörungen geeignet. Die Wirkung hält jedoch nur kurz an – denn Melatonin hat nach 30 Minuten nur noch den halben Effekt. Das genügt bei Durchschlafstörungen nicht, auch nicht, um ein zu frühes Erwachen auszuschließen. Deswegen sind in der neuen Darreichungsform »Melachron« eine schnell freisetzende und eine langsame Form dieses Hormons kombiniert. Etwa ein Drittel fördert den Schlafbeginn. Die übrigen zwei Drittel wirken über eine Dauer von sechs bis acht Stunden. Am Morgen ist wieder der natürliche Tageswert erreicht.

Studien konnten belegen: Über 85 Prozent von Patienten mit altersbedingten Schlafstörungen konnten von einer solchen Hormonformel profitieren. Sie fühlten sich tagsüber wieder fit.

Gemüt: Zeitschloss setzt gute Gefühle frei

Zur Aufhellung düsterer Stimmungen greift die Medizin seit Jahrzehnten zu Tryptophan, einer essenziellen (lebenswichtigen) Aminosäure. Vor allem aus einem Grund steht sie im Mittelpunkt der Depressionsbehandlung mit Medikamenten: Sie ist Ausgangspunkt des Nervenbotenstoffs Serotonin, populär bekannt als Glückshormon, und des Hormons Melatonin. Allerdings war es lange Zeit praktisch unmöglich, Nebenwirkungen der Substanz zu vermeiden.

Das ist mit Hilfe der Chronobiologie jetzt allerdings gelungen: Durch ein Zeitschloss in dem Präparat »Tryptochron« werden bestimmte Anteile der Aminosäure Tryptophan sowie deren Abkömmlinge ganz langsam stoffwechselwirksam freigesetzt – magenschonend und weitgehend beschwerdefrei. Damit ist es den

Schöpfern dieses Präparats mit chronobiologischen Prinzipien erstmals gelungen, alle bekannten, gravierenden Nebeneffekte der Tryptophanbehandlung zu umgehen: Magenbeschwerden, Gewöhnung, Abhängigkeit. Eine einzige Tablette deckt 24 Stunden ab und die Dosis muss nicht erhöht werden. Ein exzellentes Beispiel der Berücksichtigung unserer inneren Uhren.

Fitness: Hoch und Tief der Leistung nach Plan

Ist Ihnen das schon aufgefallen? Manche Personen können an einem Montag oder einem Freitag härter trainieren. Andere brauchen die Ruhe des Wochenendes. Und wieder andere schwören auf einen anderen Tag. Jeder hat Recht. Das Tageslicht, der Schlaf-wach-Rhythmus und unsere Emotionen sind wichtige Taktgeber, wenn es um körperliche Anstrengung geht. Auch der Jahreszeit fällt eine besondere Rolle zu. Wegen der geringeren hellen Stunden ist der Winter häufig mit einem Leistungstief verbunden.

Frauen erleben noch einen weiteren Effekt. Zwischen dem 10. und 14. Tag ihres Monatszyklus erreicht die Produktion des Hormons Relaxin einen Höchstwert. Das ist sehr willkommen während der Entbindung, denn Relaxin lässt Gewebe geschmeidig und nachgiebig werden. Im Fitnessklub bedeutet es jedoch: Die Bänder der Knie und anderer Gelenke lassen sich unbeabsichtigt stärker dehnen. Die Gefahr von Verletzungen steigt.

Wann trainieren?

Die Bereitschaft zu körperlicher Leistung wird beeinträchtigt vom Auf und Ab wichtiger Rhythmen. Schlafen und Essen sowie die Arbeit der Verdauungsorgane und der Nieren sind durch Phasen

Wärmehoch am Nachmittag

Eine wichtige Orientierung ist die Körpertemperatur. Sie ist das Ergebnis der inneren Taktgeber für Blutdruck, Stimmungen und Stoffwechsel. In der Regel erreicht sie zwischen 14 und 17 Uhr einen Höchstwert: bis zu 2 °C mehr als am Morgen.

der Aktivität und der Passivität geprägt – und zwar jedes zu einer anderen Zeit. Es ist biologisch nicht sehr erwünscht, sich gerade dann anzustrengen, wenn Bereiche des Körpers Ruhe erwarten. Es wäre eine Art Kurzschluss im Regenerationsplan. Horchen Sie ruhig in sich hinein, möglicherweise hat Ihr Körper eine klare Botschaft für Sie.

Warm trainiert's sich besser

Durch die erhöhte Körperwärme am Nachmittag werden Muskeln beweglicher und flexibler. Die Reaktionszeit ist kürzer. Das Herz kommt mit verringerter Schlagzahl aus. Der Blutdruck ist niedrig. Die Leistungsbereitschaft ist groß und Sie stecken Anstrengungen leichter weg. Auch, weil sie weniger stark empfunden werden.

Warme Muskeln sind weniger anfällig für Verletzungen. Vor allem die späteren Stunden des Nachmittags sind auch ideal, um Stress aus der Arbeitswelt abzubauen. Mancher Fitnessbewusste trägt auch dem Umstand Rechnung, dass nach einer Trainingseinheit Kalorien viel wirksamer verbrannt werden. Das Abendessen schlägt sich nicht sofort in Fettzellen nieder.

Jeder Betreiber eines Fitnesscenters erlebt jedoch viele Menschen, die auf die frühen Tagesstunden schwören. Sie spüren förmlich, wie die körperliche Betätigung den Stoffwechsel auf Trab bringt und finden Gefallen an der Vorstellung, dass dieser Effekt den Tag über anhält. Wer jedoch mit den Hühnern aufsteht, um

90 Minuten sind genug

Humanbiologen ermittelten Aktivitätszyklen von 90 bis 120 Minuten Länge. Die Fußballbundesliga zeigt: Trotz Halbzeitpause brechen auch die Leistungspegel von Berufssportlern nach 60 bis 80 Minuten körperlicher Anstrengung merklich ein. Wer als Einwechselspieler seine Frische clever einsetzt, hat dann leichteres Spiel.

sein Trainingsprogramm zu absolvieren, ist gut beraten, sich einige Minuten länger aufzuwärmen. Das erhöht die Körpertemperatur und senkt das Verletzungsrisiko.

Drei verschiedene Formen der Energiebereitstellung

Unser Organismus verbrennt Nahrung in drei Energieformen:

- Eine setzen wir für die schnellste und stärkste Muskelanspannung ein. Sie entwickelt sich innerhalb einer Sekunde zur Höchstleistung bei einer Kapazität von 20 bis 30 Sekunden.
- Eine weitere Energieform steigert sich über eine Aufbauphase von 20 bis 30 Sekunden und hält etwa zwei Minuten lang an.
- Jogging, Langlauf und ähnliche, länger anhaltende Betätigungen sind jene Aktivitäten, bei denen der Körper Fett verbrennt. Diese Energieform entwickelt sich erst innerhalb von zwei bis drei Minuten und steht dann bis zu mehrere Stunden lang zur Verfügung.

Cool-down nicht vergessen!

Nach dem Workout wird häufig die Erholungsphase übersprungen. Dabei haben Rekreation und Regeneration den gleichen Stellenwert wie Training. Erfolgreiche Athleten nehmen die Anstrengung über einige Minuten allmählich zurück. Entspannungsduschen, Massagen oder der Saunagang machen danach großen Sinn.

Bezugsquellen und Infos

Gebührenfreie Info- und Bestell-Hotlines sowie Bezugsquellen für die im Buch genannten Produkte.

▶ **Vitabasix**
Tel.: 008 00-15 70-15 70
Internet: www.vitabasix.com

▶ **Look & Feel Products Inc.**
Tel.: 008 00-90 60-90 60
Internet: www.lookfeelproducts.com

▶ **Pharmatrans**
Tel.: 008 00-80 20-80 20
Internet : www.pharmatrans.com

Hinweis:

Die Ratschläge in diesem Buch sind von den Autoren und dem Verlag sorgfältig erwogen und geprüft worden. Sie bieten jedoch keinen Ersatz für kompetenten medizinischen Rat. Jede Leserin und jeder Leser ist für sein eigenes Handeln selbst verantwortlich. Alle Angaben in diesem Buch erfolgen daher ohne jegliche Gewährleistung oder Garantie seitens des Verlages oder der Autoren. Eine Haftung der Autoren bzw. des Verlages und seiner Beauftragten für Personen-, Sach- und Vermögensschäden ist ausgeschlossen.

Originalausgabe

Econ ist ein Verlag der Ullstein Buchverlage GmbH

Redaktion: Dr. med. Christiane Lentz

Gesetzt aus Scala und Eras

Gestaltung, Layout: Dr. Alex Klubertanz, München

Druck und Bindung: Bercker, Kevelaer

Printed in Germany